ulmer

Antje Krause

Im Garten gackert's

Das erwartet dich in diesem Buch

VORÜBERLEGUNGEN & ANSCHAFFUNG

STALL & AUSSTATTUNG

FÜTTERUNG & ALLTAG

INFORMATIONEN & SERVICE

Ich kann mich gut an meine Anfänge erinnern. „Hühner halten ist nicht schwer“, hieß es immer. Absolut richtig. Es gibt unzählige Möglichkeiten, Hühnern ein artgerechtes, glückliches Leben zu bieten, und mit ein bisschen Übung wirst du alle Handgriffe aus dem Ärmel schütteln. Aber zu Beginn braucht es einfach praktikable Tipps. Nicht tausend mögliche Varianten, sondern handfeste Dos and Don’ts und Empfehlungen von Freunden mit Erfahrung. Diese Freundin möchte ich gern für dich sein. Ich lehne mich weit aus dem Fenster und werfe konkrete Zahlen in den Raum, von Stallgröße bis Sitzstangenbreite. Ich erstelle Pro-und-Kontra-Listen und packe alle Themen rund um die Hühnerhaltung auf nur 96 Seiten für dich zusammen. Hinzu kommen persönliche Einblicke, wie ich die kleinen feinen Details auf meinem Hühnerhof geregelt habe. Und das alles gewürzt mit charmanten Illustrationen von Susanne Dinkel, der ich hierfür herzlich danken möchte.

Warum ausgerechnet Hühner?

VIELES SPRICHT DAFÜR …

Eigene Hühner liefern die besten Eier!

Du weißt, dass sie von glücklichen, artgerecht gehaltenen, gesund ernährten Hühnern stammen. In der Hochzeit, im Frühling, kannst du von 6 jungen Legehennen 4–6 Eier pro Tag erwarten, bei 1–3 Jahre alten Hennen noch 2–4 Eier. Die Legeleistung hängt von Rasse und Alter der Tiere ab.

Erstaunlich lange haltbar!

Bei richtiger Lagerung halten superfrisch gesammelte Eier bis zu 1 Monat. Die ersten 14 Tage kannst du sie sogar außerhalb des Kühlschranks an einem kühleren Ort (zum Beispiel im Hausflur) lagern, danach (und generell im Hochsommer) im Kühlschrank.

Immer ein tolles Geschenk!

Freunde & Familie freuen sich sicherlich über eine kleine Packung Eier als Mitbringsel.

„Überraschung! Schau mal in die hintere Umschlagklappe!"

Hühner sind mit sich selbst zufrieden!

Sie bilden über eine Rangordnung eine sozial zusammengehörige Gruppe, egal, ob die Tiere miteinander verwandt sind oder nicht. Gassi gehen, spielen oder sonstwie mit dem Halter interagieren – all das brauchen sie nicht zum Glücklichsein, ihnen genügt ihresgleichen. Sie können sich aber ihren Menschen sehr freundlich anschließen und äußerst zahm werden.

Interessanter, als man denkt!

Bevor man eigene Hühner hat, kann man sich kaum vorstellen, wie spannend es ist, sie zu beobachten. Sie haben ein vielschichtiges Sozialverhalten, sind klug und gewitzt.

Schmutz, bleib draußen!

Die Hühnerhaltung findet logischerweise außerhalb der Wohnräume statt. Im Gegensatz zur Haltung von Hund & Katze bleibt der Schmutz, den Tiere nun mal machen, draußen. Tipp: Stallschuhe etablieren!

Hühnerhaltung ist vergleichsweise günstig!

Wer keinen Wert auf Rasse-Champions legt, bekommt Normalo-Hühner recht günstig. Hühnerfutter gibt es in allen Preislagen, je größer das Gebinde, desto günstiger. Wer die Fütterung clever mit guten Sachen aus Garten & Küche kombiniert, kann sparen. Hobby-Handwerker können den Stall selbst (um)bauen. Die „offiziellen" Gebühren sind überschaubar.

… EINIGES DAGEGEN

Hühner sind keine Wohnungstiere!

Eigentlich selbstverständlich, aber Meldungen von teils auf Balkonen gehaltenen Hühnern während der Coronazeit lassen mich das doch einmal schwarz auf weiß hinschreiben: Hühner brauchen einen Garten! Auch wenn die Mindestbedürfnisse – 0,5 m^2 Stallfläche, 10 m^2 Auslauffläche pro Huhn – die irrationale Hoffnung schüren, 2 Hühner auf einer Dachterrasse halten zu können … Bitte nicht! Erstens sind 2 Hühner zu wenig, das ist noch keine (artgerechte) Gruppe; zweitens müssen sie im Erdboden scharren können und drittens sind diese Kennzahlen das Minimum.

Hühner sind keine Kuscheltiere!

Auch wenn Hühner sehr zahm werden können, es lieben lernen können, auf den Arm genommen zu werden, und in manchen Fällen sogar kleine Kunststückchen lernen, sind sie nicht so empfänglich für Streicheleinheiten wie Hund und Katze. Das muss man vorher bedenken und insbesondere Kinder vorwarnen.

Hühner sind Frühaufsteher!

Der Hahn kräht ab 4 Uhr morgens? Leider kein Klischee. Und auch die Hennen können laut gackern, ja regelrecht schreien, wenn sie Hunger oder ein Ei gelegt haben. Wann Hühner aktiv werden, steuert das Tageslicht: Der Hahn kräht bereits früh am Morgen und die restliche Truppe hat Hunger – auch am Wochenende. Das heißt nicht unbedingt, dass Hühner nichts für absolute Langschläfer sind. Wer jedoch am frühen Abend ausgehen will, nachts heimkommt und erst gegen Mittag wieder in die Gänge kommt, sollte sich entweder ein anderes Tier anschaffen (Wie wäre es mit einem nachtaktiven Hamster? 😋) oder er muss Vorkehrungen treffen, um seine Abwesenheit zu kompensieren: mindestens automatische Stallöffner-Systeme und große Futterautomaten.

Achtung bei Allergien!

Bei Allergien gegen Federn oder Staub sprich zuvor unbedingt mit deinem Arzt. Es überrascht Neulinge, wie viel Staub in einem Hühnerstall anfällt: aus durch das Scharren aufgewirbelten Einstreupartikeln, Sand und Federabrieb.

Dein Entschluss steht fest?
Dann geht's jetzt los!

Wo bekomm ich Hühner her?

	Pro	Kontra
Züchterinnen & Züchter	» Persönlicher Kontakt zum Züchtenden » Kurze Wege: meist wirst du in deiner Region fündig. » Du darfst dir „deine" Tiere häufig aussuchen. » Du bekommst fast alles: reinrassige Tiere, Mixe, alle Altersgruppen – alles eine Frage der Absprache.	» Rassehühner sind teurer als Hybridhühner, je seltener die Rasse und je perfekter dem Rassestandard entsprechend, desto teurer.
Rassegeflügel- und Kleintierausstellungen	» Persönlicher Kontakt zu Züchtenden in deiner Region » Du kannst die verschiedenen Rassen live anschauen. » Manchmal werden direkt Hühner verkauft. (Vorsorglich eine Transportbox im Auto haben!)	» Nicht alle Rassen verfügbar » Nur wenige Veranstaltungstermine im Jahr (Frühjahr/Herbst) » Rassehühner sind teurer als Hybridhühner, je seltener die Rasse und je perfekter dem Rassestandard entsprechend, desto teurer.
Geflügelwagen	» Du bekommst von großen Geflügelhöfen meist legereife Junghennen. » Die Hühner werden zu bestimmten Terminen an festgelegte Standorte gebracht und vom Transporter weg verkauft. (Transportbox mitnehmen!) » Meist kann vorbestellt werden. » Die Tiere sind meist günstig.	» Wenig Auswahl » Überwiegend Hybridhühner » Aufzucht erfolgt in Massen. » Kontakt beim Kauf ist unpersönlich.
Vereine zur Legehennen-Rettung	» Legehennen sind der Eierindustrie nach einer Legeperiode nicht mehr produktiv genug und werden durch jüngere, leistungsfähigere Tiere ersetzt. Einige „ausgediente" Hennen werden von Vereinen gerettet und gegen eine Schutzgebühr an Hobbyhalter vermittelt. » Man tut eine gute Tat! ☺	» Du bekommst Hybrid-, keine Rassehühner. » Aussuchen der Tiere nicht möglich. » Du bekommst Hennen, die ihren Legehöhepunkt schon überschritten haben, sind aber theoretisch noch gut im legefähigen Alter. » Zunächst körperlich beansprucht: Man hat Hühner „mit Vorgeschichte". (Die anfängliche Quarantänezeit ernst nehmen, bevor man sie zu anderen Hennen setzt!) » Kleiner Aufwand: Viele Vereine verlangen von Interessenten eine Art „Kurzbewerbung, es geht um die Frage, wo und wie die Tiere leben werden.
Tierheime	» Ab und zu landen Hühner auch im Tierheim. Wer diese nimmt, entlastet den Tierschutz und tut etwas Gutes.	» So gut wie keine Auswahl » Meist mehr Hähne als Hennen » Rasse und Alter ist bei Fundtieren oft nicht klar. (An die Quarantäne vor dem Zusammenführen denken!)

Kontakt & Infos

- Über den Bund Deutscher Rassegeflügelzüchter bzw. dessen Landes-, Kreis- und Ortsverbände
- Falls du schon eine Rasse favorisierst: über die Sondervereine der Rasse (im Netz nach „Sonderverein" plus dem Namen der Rasse suchen)
- Züchtende bei Rassegeflügel- und Kleintierausstellungen vor Ort ansprechen

- Termine: Homepages der regionalen Kleintierzuchtvereine, Aushänge, Anzeigen in Regionalblättern

- Termine und Standorte: Internet, Aushänge, Anzeigen in Regionalblättern

- „Bewerbungsformulare", Infos zu Abholpunkten und möglichen Schutzgebühren erfährst du online bei den Vereinen.

- Direkt über das Tierheim deiner Region

(Keine) Gute Idee

Und was ist mit Eiern ausbrüten? Ich würde vom Eierausbrüten als Erstkontakt mit der Hühnerhaltung abraten. Sammle lieber erst ein bisschen Erfahrung mit dem Federvieh, bevor du dich mit Brutapparat und Kükenaufzucht befasst. Fehler aus Unerfahrenheit bezahlen Küken meist mit ihrem Leben.

Ich mach das so ...

Ich kaufe meine Hühner beim Züchter. Das Fachsimpeln ist spannend und man lernt die unterschiedlichsten Höfe und Haltungen kennen. Außerdem ist es wertschätzend für die Züchtenden: Ich honoriere ihre Züchtungsarbeit (und leiste so einen Minibeitrag zum Erhalt der Rassezucht), nehme ihnen Tiere mit kleinen Schönheitsfehlern ab und erhalte gesunde, reinrassige (aber eben nicht perfekte) Tiere. Win-win!

Die Auswahl der Hühnerrasse

WHO'S WHO?

Legerassen	Fleischrassen
Ursprüngliches Züchtungsziel: hohe Leistung beim Eierlegen, teils gute Winterleger	Ursprüngliches Züchtungsziel: hohe Fleischmenge, teils auch hohe Fleischqualität, die Hühner setzen gut Fleisch an
Der Fleischansatz ist meist gering.	Sie legen weniger Eier als Legerassen.
Nicht verwechseln mit Legehybriden!	Nicht verwechseln mit Masthybriden!
Tendenzielle Vertreter: Amerikanische Leghorn, Andalusier, Italiener, Spanier	Tendenzielle Vertreter: Cochin, Deutsche Lachshühner, Jersey Giants, Mechelner

„Ursprüngliches" Züchtungsziel und „tendenzielle" Vertreter – warum das?

Bei der ursprünglichen Formung vieler Rassen hatte man die Nutzung – Eier oder Fleisch – im Blick, bei gleichzeitiger Herauszüchtung eines möglichst einheitlichen Erscheinungsbildes. Die Erhaltungszucht heutzutage fokussiert sich eher auf äußerliche Merkmale. Vereinfacht gesagt: Hat man die Wahl, mit einer äußerlich perfekt der Rasse entsprechenden Henne oder mit einer grandiosen Eierlegerin weiterzuzüchten, fällt die Wahl meist auf Erstere. Diese Tendenz vererbt sich durch die Generationen. Somit können manche Rassen an ihre „guten alten Zeiten" nicht mehr ganz anknüpfen, was dazu führt, dass ursprünglich reine Fleisch- und Legerassen heute mehr Richtung Zweinutzungshuhn tendieren.

Zweinutzungsrassen	Zierhühner
Ursprüngliches Züchtungsziel: Win-win – mittlere bis gute Legeleistung und mittlerer bis guter Fleischansatz	Züchtungsziel: Optik
Das klassische Huhn auf dem Selbstversorger-Bauernhof früherer Zeiten: Nach 2–3 Jahren Eierlegen sollte noch ein Braten oder eine reichhaltige Suppe dabei rumkommen.	Legeleistung und Fleischansatz sind zweitrangig.
Auch Zwiehühner genannt	Eier und Fleisch trotzdem essbar!
Tendenzielle Vertreter: Barnevelder, Bielefelder Kennhühner, Deutsche Wyandotten, Marans, Rhodeländer, Sundheimer, Vorwerkhühner, Welsumer	Tendenzielle Vertreter: Chabo, Moderne Englische Zwerg-Kämpfer, Sebright, Seidenhühner, Sumatra, Yokohama

Man muss es auch nicht zu streng sehen

Die Kategorisierung Legehuhn – Fleischhuhn – Zweinutzungshuhn ist fließend. Manche Rassen werden in unterschiedlichen Publikationen auch verschieden zugeordnet. Kein Problem, die Einteilung soll dir lediglich die Rasseauswahl erleichtern. Alle Hennen legen Eier und alle Tiere könnte man schlachten und verspeisen – nur die zu erwartenden Mengen sind unterschiedlich. Lass dich nicht davon abhalten, deine Lieblingsrasse zu halten, nur weil sie vielleicht offiziell als Zierhuhn gilt. Übrigens zählen alle Zwerghühner tendenziell zu den Zierhühnern, weil sie naturgemäß wenig Fleisch am kleinen Körper haben und kleinere Eier legen. Trotzdem werden sie dir dein Frühstücksei liefern.

UND WAS IST MIT HYBRIDHÜHNERN?

Hybridhühner sind keine Hühnerrasse im eigentlichen Sinn. Sie werden seit den 1960er-Jahren vorrangig für die Industrie auf Hochleistung gezüchtet. Auch der Hobbyhalter kann sie kaufen, aber nicht züchten! Es gibt Lege- und Masthybriden (Fleischhybriden). Wenn überhaupt, wirst du mit Legehybriden liebäugeln.

Pro

Fantastische Legeleistung im 1. Legejahr: 300 Eier möglich

Günstiger als Rassehühner

Kontra

Legeleistung nimmt im 2. Jahr deutlich ab, versiegt danach fast völlig

Sie werden nicht wie richtige Hühnerrassen innerhalb ihresgleichen vermehrt, sondern in großen Konzernen „produziert". Welche Rassen und Bastarde in welcher Generation beteiligt sind, bleibt dem Tierhalter verborgen.

Intransparent, wie die Tiere in den Konzernen gehalten werden.

Der Halter kann Hybridhühner nicht nachzüchten (da er das geheime „Rezept" nicht kennt). Sie können zwar biologisch Nachwuchs bekommen, ihre Eigenschaften vererben sie aber nicht weiter, sondern sie spalten auf. Leistung, Gesundheit und Charakter der Nachkommen sind unvorhersehbar. Nur die als Hybridhuhn erworbene Generation erbringt die gute Legeleistung. Der Halter muss sie immer wieder in der „Hühnerfabrik" nachkaufen.

Wenn wir Hühnerrassen nicht erhalten (indem wir sie halten), verschwindet die genetische Vielfalt irgendwann. Und die Bandbreite ist groß: vom Antwerpener Bartzwerg, der noch nicht mal die kleinste Hühnerrasse ist, bis zum Brahma.

Sehr viele Rassen gibt es als Groß- und Zwergrasse. Die Großen legen größere Eier als die Zwerge, fressen naturgemäß aber auch mehr. Und im Grunde ist man überrascht, wie groß Zwerghuhneier letztlich doch sind.

DANN DOCH LIEBER ECHTE RASSEN?

Die allermeisten – so auch ich – halten Hühner wegen der köstlichen Eier. Man weiß, was drin ist und dass die Hennen ein gutes Leben führen. Ehrlicherweise muss man sagen, dass die Legeleistung von Rassehühnern nicht an die von Hybridhühnern heranreicht. Da ich viele Gepflogenheiten in der Hybridhühner-„Produktion" ablehne, kommen für mich ganz persönlich nur Rassehühner infrage. Und auch hier gibt es superfleißige Vertreter. Und mal ehrlich: Wie viele Eier kann man schon essen?

So tun sich Anfänger am leichtesten

- **Kaufe dir Junghennen im Alter zwischen 3 und 6 Monaten, das Geschlecht kann in diesem Alter schon eindeutig bestimmt werden.**
- **Oder kaufe legereife Hennen (5–6 Monate alt). Sie sind meist etwas teurer als jüngere Tiere, da sie vom Züchter länger gefüttert werden mussten. Sie legen bereits oder stehen kurz davor.**

Fleißige Hühnerrassen

Im 1. Legejahr kannst du von den folgenden Rassen mit diesen Eier-Zahlen rechnen – pro Henne! Natürlich sind es Durchschnittswerte. Wie überall gibt es auch bei Hühnern wahre Streber und solche mit schwächerer Konstitution.

- Amerikanische Leghorn: 180 Eier
- New Hampshire: 180 Eier
- Italiener: 170 Eier
- Rhodeländer: 170 Eier
- Barnevelder: 160 Eier
- Vorwerkhühner: 160 Eier

Ab dem 2. Legejahr nimmt das Eierlegen kontinuierlich ab – aber kein Vergleich mit dem Absinken der Legeleistung bei Legehybriden. Etwa 3–4 Jahre beschenken dich Rassehennen gut mit Eiern, danach wird die Anzahl überschaubar.

… die Liste ließe sich endlos fortführen. Wer braucht da bitte Hybridhühner?

Wem Eier nicht alles bedeuten, schau mal hier …

Was sind deine Wünsche?

SCHAU DIR DIESE RASSEN MAL GENAUER AN!

Ich habe relativ wenig Platz, möchte aber trotzdem Hühner halten!

- Bantam
- Chabo
- Federfüßige Zwerghühner
- Holländer Haubenhühner
- Moderne Englische Zwergkämpfer
- Sultanhühner
- Zwerg-Cochin

Ich hätte gern ruhige Hühner!

- Chabo
- Deutsche Zwerg-Lachshühner
- Federfüßige Zwerghühner
- Holländer Haubenhühner
- Krüper
- Seidenhühner
- Strupphühner
- Sultanhühner
- Zwerg-Cochin

Ich möchte den Erhalt einer „alten" Rasse unterstützen!

- Augsburger
- Holländer Haubenhühner
- Krüper
- Sundheimer

Je bunter, desto besser. Ich liebe bunte Federn!

- Antwerpener Bartzwerge
- Bantam
- Chabo
- Federfüßige Zwerghühner
- Friesenhühner
- Italiener
- Thüringer Barthühner
- Wyandotten & Zwerg-Wyandotten
- Zwerg-Cochin

Hauptsache, ungewöhnlich: Ich will Hühner mit dem besonderen Look!

- Antwerpener Bartzwerge
- Brahma
- Chabo
- Holländer Haubenhühner
- Krüper
- Moderne Englische Zwergkämpfer
- Nackthalshühner
- Paduaner
- Sebright
- Seidenhühner
- Spanier
- Strupphühner
- Sultanhühner
- Thüringer Barthühner
- Zwerg-Cochin

Das Wichtigste sind doch die Eier ... viele Eier!

- Amerikanische Leghorn
- Amrocks
- Augsburger
- Bielefelder Kennhühner
- Friesenhühner
- Italiener
- Nackthalshühner
- New Hampshire
- Rhodeländer
- Sundheimer
- Welsumer

Soll das so?

KURIOSES AUF DEM HÜHNERHOF

Ein Huhn mit Locken? Oh ja – kein Witz! Es gibt verschiedene sogenannte gestruppte Hühner, auch Mischlinge wie dieser gestruppte Zwerg-Cochin-Mix.

Und noch eine Frisur der besonderen Art … Dieser Zwerg-Paduaner macht was her auf dem Hühnerhof!

Nicht gefärbt, kein Fotofilter, sondern Eier, wie Huhn sie schuf: schokobraune Eier von Marans, türkisfarbene Eier von Araucana.

Das ist ein Nackthalshuhn und eine anerkannte Hühnerrasse. Und nein, im Winter ist ihm nicht kalt …

Auch hier war keine Bildbearbeitung am Werk. Cemani sind wirklich durch und durch schwarz: Schwarze Federn, selbst Kamm, Kehllappen und die Haut sind schwarz.

Ein Hühner-Geist, der durch den Auslauf wandelt? Nein, ein weißes Seidenhuhn (das es auch in anderen Farben gibt). Seine Federn sind übrigens von Natur aus „zerschlissen", sodass es nicht fliegen kann.

Und was ist mit mir?

Mit oder ohne Hahn?

Pro

Ein Hahn gehört, zumindest auf dem Land, zur Hühnerhaltung einfach dazu.

Wenn man Küken der eigenen Hühner aufziehen will, ist die Befruchtung der Eier durch einen Hahn nötig.

Ein Hahn erfüllt eine wichtige soziale Funktion innerhalb der Hühnerherde: Er schlichtet Streit unter den Hennen.

Ein Hahn passt auf! Man kann beobachten, dass er, während alle picken und scharren, immer wieder innehält und die Umgebung am Boden und in der Luft nach potenziellen Gefahren absucht. Bei vermeintlicher Gefahr stößt er einen Warnlaut aus.

Ein Hahn ist mutig! Er stellt sich schon mal einem Fressfeind gegenüber, um seine Hennen zu beschützen. Wegen des Überraschungsmoments, wenn er sich auf seinen Gegner stürzt, und seiner scharfen Sporne hat er gar keine schlechten Chancen, den Angreifer in die Flucht zu schlagen.

Das Sozialverhalten der Hühnerherde ist um eine Facette reicher und das Beobachten der Tiere noch interessanter.

Statistisch gesehen schlüpfen ebenso viele Hähne wie Hennen. Wohin mit all den Hähnen? Sollen sie alle im Alter weniger Wochen geschlachtet werden? Ist es vielleicht moralisch richtig, einen Hahn zu halten, sofern man die Möglichkeit dazu hat?

Kontra

Ein Hahn kräht, die Nachbarschaft könnte sich möglicherweise daran stören.

Wer Eier nur essen möchte, muss keinen Hahn halten. Auch Hennen in rein weiblichen Herden legen regelmäßig und gleich viele Eier.

Ein Hahn verursacht (geringe) Kosten für Futter und Impfung – bringt aber keine nutzbare regelmäßige „Leistung“ im Sinne von Eiern. Das Fleisch könnte man essen, sofern man schlachten möchte.

Hält man wenige Hennen, kann der Geschlechtstrieb des Hahns die Hennen durch den häufigen Tretakt „strapazieren“ und stressen, Hautverletzungen durch das Festkrallen auf dem Rücken der Hennen sind möglich.
Werden – je nach Rasse – mindestens fünf Hennen gehalten, verteilt sich das Engagement des Hahns auf mehrere Tiere. Aber er wird immer seine Lieblingshennen haben.

Manche Hähne agieren überbeschützend. Das führt gelegentlich zu Schreckmomenten, mitunter auch zu Verletzungen kleiner Kinder, die allein ins Hühnergehege gehen – aber allgemein weniger, als es das Klischee des angreifenden Hahns vermuten lässt. Sehr viele Hähne sind Menschen gegenüber lieb und freundlich.

Bevor die Hühner kommen ...

EIN FAHRPLAN, BIS DIE HÜHNER EINZIEHEN

Monate bis Wochen vorher ...

- Informieren, informieren, informieren ...
- Bücher und Internetseiten durchstöbern, Rassegeflügelausstellungen besuchen
- Hühnerrasse(n) auswählen
- Züchter kontaktieren & den Kauf absprechen
- Stall & Auslauf planen
- Falls nötig, Rasen im geplanten Auslauf aussäen und gut pflegen

1 Monat vorher ...

- Hühnerstall kaufen oder (um-)bauen
- Stall mit Legenestern, Sitzstange und Kotbrett einrichten
- Auslauf einzäunen
- Gras im Auslauf regelmäßig mähen (je dichter und kürzer die Grasnarbe, desto widerstandsfähiger)
- Vorsorglich einen geflügelkundigen Tierarzt ausfindig machen
- Obligatorische regelmäßige New-Castle-Impfung organisieren

2 Wochen vorher ...

- Futterautomat, Trog/Tröge, Tränke(n), Einstreu, Hühnerfutter und Grit besorgen
- Utensilien zur Reinigung bereitlegen
- Termin zur Abholung der Hühner mit dem Züchter absprechen

2 Tage vorher …

- Stall und Legenester ausstreuen
- Futterautomaten und Tränken aufstellen/aufhängen
- Frisches zur Futterergänzung (Möhren, Äpfel, Salat …) besorgen

Heute kommen die Hühner!

- Sich Zeit nehmen
- Keine Hektik, keinen Stress bitte!
- Futter und Wasser einfüllen
- Hühner in den Stall setzen, mindestens 5 Tage zur Eingewöhnung drin lassen
- Hühnerhaltung beim Veterinäramt (der Stadt oder des Landkreises) und bei der Tierseuchenkasse (des Bundeslandes) online anmelden

Moment mal … Verpflichtungen gibt's auch?

JA! KLINGT ABER AUFWENDIGER, ALS ES IST.

Es dient der Erfassung, wer Nutztierhalter ist, und zur Nachverfolgung bei einer Ausbreitung von Tierseuchen.

Bei Tierseuchenkasse & Veterinäramt anmelden

- Hühner zählen offiziell zu den Nutztieren, auch wenn sie wie Haustiere zur Familie gehören. Du musst ihre Haltung beim Veterinäramt des Landkreises oder deiner Stadt und auch ggf. bei der Tierseuchenkasse deines Bundeslandes anmelden. Ja, auch Hobbyhalter mit wenigen Tieren sind in den allermeisten Bundesländern dazu verpflichtet. Informiere dich!
- Die Anmeldung funktioniert meist unkompliziert online: Name, Anschrift und die Anzahl der Hühner („Bestand" genannt) werden abgefragt. Welche Rassen gehalten werden, spielt keine Rolle.
- Nun wird einmal im Jahr von der Tierseuchenkasse die Anzahl der von dir an einem bestimmten Stichtag gehaltenen Hühner abgefragt. Den Meldebogen bekommst du per Post oder als Online-Zugangscode per E-Mail.
- Die Tierseuchenkassen der Bundesländer handhaben es etwas verschieden. Die meisten erheben einen Jahres-Grundbeitrag plus eine Gebühr im

Gute Idee

Fang mit deiner Pflicht-Meldung beim Veterinäramt an. Manche Behörden melden einen Neu-Tierhalter automatisch der Tierseuchenkasse, sodass du dich nur einmal anmelden musst.

Herzlichen Glückwunsch: Ab jetzt bist du offiziell Nutztierhalter!

Cent-Bereich für jedes gehaltene Huhn (egal, ob Henne, Hahn, Küken, Rassetier oder Mischling). In manchen Bundesländern ist die Hühnerhaltung melde-, aber nicht beitragspflichtig.

» Wie du die Tierseuchenkassen schnell findest: → Service, Seite 95. Das für dich zuständige Veterinäramt suchst du auf der Homepage deines Landkreises oder deiner Stadt.

Ein Bestandsregister führen

Du bist auch als Hobbyhalter verpflichtet, ein sogenanntes Bestandsregister zu führen, damit im Seuchenfall mögliche Verbreitungswege nachvollzogen werden können. Die Form der Aufzeichnung ist nicht vorgeschrieben. Es kann ein Notizbuch sein, Blätter in einem Ordner oder eine Datei auf deinem Rechner. Im Service auf → Seite 95 findest einen QR-Code zum Download eines möglichen Bestandsregisters. Darin notierst du:

» Wann du ein Tier gekauft oder geschenkt bekommen hast. Und von wem, mit Adresse.
» Wenn Küken geschlüpft sind.
» Wann du ein Tier verkauft oder verschenkt hast. Und an wen, mit Adresse.
» Wann ein Tier gestorben ist oder von einem Beutegreifer getötet wurde.

Im Beamtendeutsch heißt das Zu- und Abgänge.

Bestandsregister

Datum	Zugang: Anzahl & Merkmale	Abgang: Anzahl & Merkmale	Adresse des vorherigen bzw. zukünftigen Halters	ggf. Adresse des Transporteurs	Bestand
25.6.2022	4 Lakenfelder-Hennen, 1 Lakenfelder-Hahn, unberingt		Peter Müller, Dorfstraße 76, 98765 Hühnerfelde	Transport durch mich	5
25.6.2022	1 Henne Mix (grau gesperbert)		"		6
1.8.2022		1 Lakenfelder-Henne: Greifvogelschlag (verendet)			5

Medizinische Nachweise dokumentieren

Hühner müssen regelmäßig gegen die Newcastle-Krankheit geimpft werden, die Impfbescheinigungen musst du aufbewahren. Ebenso sogenannte Arzneimittelanwendungsbescheinigungen, die du vom Tierarzt bekommst, wenn eines deiner Tiere Medikamente verordnet bekommen hat.

Ich mach das so ...

Ein physischer Hühner-Ordner ist sinnvoll. Hinein kommen mein selbst gemachtes Bestandsbuch-Formular, die Newcastle-Impfnachweise und falls vorhanden die Arzneimittelanwendungsbescheinigungen.

Kein Argumentieren und Taktieren bitte. Auch Hobbyhalter sind zu alldem gesetzlich verpflichtet. Punkt.

Hühner impfen lassen

Du bist laut Geflügelpest-Verordnung verpflichtet, deine Hühner regelmäßig gegen die Newcastle-Krankheit (Newcastle Disease, kurz ND) impfen zu lassen. Dabei handelt es sich um eine äußerst ansteckende, fast immer tödlich verlaufende Viruserkrankung. Bei einer Ansteckung besteht Meldepflicht beim Veterinäramt. Beim Impfen hast du zwei Möglichkeiten.

- Entweder (derzeit) alle 6 Wochen über eine Impfstoffgabe ins Trinkwasser (auch direkt in den Schnabel ist möglich) oder einmal im Jahr mit einer Injektion vom Tierarzt.
- Die erste Variante ist meist die billigere, sofern du dich einer Gruppe anschließen kannst, die sich den Impfstoff (der nur in Großgebinden erhältlich ist) teilt. Nachteil ist dann, dass du zeitlich nicht flexibel bist, sondern der Gruppe folgen musst (der Impfstoff ist nur sehr kurze Zeit wirksam). Wenn du im Urlaub bist, müsste das deine Urlaubsvertretung übernehmen.
- Wende dich an deinen Tierarzt oder einen örtlichen Kleintier- oder Geflügelzuchtverein und frage nach, wie sie die Impfung organisieren, und versuche dich anzuschließen.
- Übrigens gibt es keine Impf-Nachwirkungen, die Tiere sind munter wie immer. Auch gibt es keine Wartezeiten, du kannst die Eier durchgehend essen!

Egal, ob groß oder klein, Rasse- oder Wald-und-Wiesen-Huhn: Wer Hühner hält, hat ein paar wichtige To-Dos.

Meine persönliche Einkaufsliste

UND DANN GEHT'S LOS ...

Im Fachhandel gibt es für jede Eventualität das passgenaue Equipment. Ich habe aber die Erfahrung gemacht, dass es manchmal auch die einfachen Dinge tun, die man sowieso im Haus hat oder die man schnell aus Baumarkt & Co. besorgen kann. Aber das bleibt natürlich jedem selbst überlassen.

Das braucht man:

Aus dem Land- und Fachhandel

» Futtermischung(en) → Seite 66
» 1 x Einstreu → Seite 52
» 1 x Futterautomat → Seite 66
» 1 x langer Trog (Länge je nach Anzahl der Hühner, ca. 20 cm Länge pro Huhn) oder mehrere kleine Tröge
» 2 x Rundtränke → Seite 86
» 1 x Futterschaufel
» 1 x Kotschieber/Kotspachtel (alternativ, aber nicht so bequem: Schaufel)
» Desinfektionsmittel

Der Trog muss so groß sein, dass alle Hühner gleichzeitig fressen können und rangniedrige nicht weggepickt werden. Sogenannte Bügeltröge dämmen das Wegpicken ein und verhindern, dass viel Futter weggeschleudert wird.

Ich mach das so ...

Bei der täglichen Reinigung arbeite ich mit einem sogenannten Flächenspachtel und einem viereckigen Eimer aus der Baustoff- bzw. Malerabteilung aus dem Baumarkt. Das Abkratzen des Kotbretts geht so schneller als mit gewölbter Schaufel und rundem Eimer.

Günstig aus dem Baumarkt

- 1–2 Eimer
- Ketten oder Schnüre, Ringschraube und Dübel, um Futterautomat aufzuhängen
- Kisten mit gut schließendem Deckel zur Aufbewahrung von Futter, zum Beispiel Jägerkiste/Jägerbox
- Evtl. Mauersteine oder Gehwegplatten, um Tränke erhöht aufzustellen

Meist im Haushalt vorhanden

- Große Schüsseln, Löffel, Gabeln zum Zubereiten von Futtermischungen
- Scharfes Messer & Schneidebrett
- Statt einer Futterschaufel aus dem Fachhandel, kann man zum Dosieren und Einfüllen des Futters in den Automaten auch einen einfachen Kunststoff-Messbecher mit Tülle, einen Henkelbecher oder eine Tasse nehmen.
- Sehr zu empfehlen: Multihäcksler, für große Hühnerherden auch eine Küchenmaschine; alternativ: Küchenreibe
- Besen & Schaufel

Nicht unbedingt nötig, aber äußerst nützlich:

Ein mobiles Kleintiergehege kann man individuell nutzen: um frisch gepflanzte Bäume zu schützen, als Fanggitter und vieles mehr. Bei Nichtgebrauch platzsparend verstaubar.

- Statt Futtertrog kann man auch mehrere Töpfe und Schüsseln aus der Küche nehmen, am besten eignen sich Gefäße mit schwerem, geradem Boden und nicht zu hohem Rand. Tipp: Gut geeignet sind Auflaufformen aus Keramik.
- Leere Schraubgläser (Gurkengläser), Joghurteimer, Vorratsdosen oder andere Gefäße mit gut schließbarem Deckel, zum Vorportionieren (oder Hühner-Meal-Prep für die Urlaubsvertretung)
- Lappen, Schwämme und Neutralreiniger
- Küchenkrepp: Es ist zwar nicht nachhaltig, aber manchmal einfach die allerbeste Lösung, falls man mal so richtig in die Hühnersch... gegriffen hat. Sparsam verwenden.
- Zeitungspapier: Einfach ein bisschen auf Vorrat sammeln – braucht man immer mal wieder.
- Einweghandschuhe
- Sehr zu empfehlen: Stallschuhe! Sie sorgen dafür, dass man keinen Hühnerkot ins Haus trägt, tragen aber auch zur guten Stallhygiene bei. Tipp: In Gartenclogs aus Kunststoff kann man leicht hineinschlüpfen und sie sind gut zu reinigen. Wer ganz vorbildlich sein will, schafft sich auch eine Stalljacke an.

Natürlich kann man alles per Hand schneiden oder raffeln. Man kann es sich aber auch leicht machen: mit einem Multihäcksler, Blitzhacker, Universalzerkleinerer … und wie sie alle heißen.

Ein Futterball oder ein Fruchtspieß zum Aufhängen bietet tolle Möglichkeiten, das Futter mal anders als schnabelgerecht zerkleinert anzubieten. Man kann auch ein leeres, sauberes Meisenknödel-Silo mit Löwenzahnstauden oder Salatherzen füllen und aufhängen.

Hühner transportieren

SICHER & MÖGLICHST STRESSFREI

Transportbox, wie sie Rassezüchter benutzen

- Professionelle Transportbox
- Aus dem Fachhandel
- Sehr sicherer Transport für 1 bis mehrere Hühner, je nach Ausführung der Box
- Teuer, je nach Größe 80–120 €
- Aus Holz, robust und wiederverwendbar
- Dick mit Hobelspänen einstreuen

Diese Profi-Transportkiste beinhaltet drei Abteile, die separat geöffnet werden können.

Katzen-Transportbox

- Zum sicheren Transport von 1–2 Zwerghühnern
- Gut auch zum Transport zum Tierarzt
- Einfachste Ausführung genügt in der Regel, unter 20 €
- Wegen der leichten Reinigung am besten aus Kunststoff
- Wiederverwendbar
- Bedingt durch die Bauart, ist es im Inneren bereits meist abgedunkelt.
- Nachteil: Bei den gängigsten Modellen ist die Tür vorn; man muss von vorn hineingreifen, um das Huhn rein- und rauszusetzen.
- Einige Varianten haben ihre Öffnung an der Oberseite, das ist für Hühner besser. Ganz ideal sind Varianten mit Öffnung oben UND vorne.
- Dick mit Zeitungspapier und Hobelspänen auslegen

Hunde-Kennel

- Das ist ein eher leichter Käfig aus Metall.
- Meist zusammenklappbar und damit bei Nichtbenutzung gut zu verstauen
- Mit einer Kunststoff- oder Metallwanne als Boden zur leichten Reinigung
- Mittelpreisig, aber vielseitig einzusetzen, je nach Größe 30–70 €
- Optimal ist, man hat ihn in mindestens zwei verschiedenen Größen …
- … eine kleine Ausführung für 1–2 Hühner zum Transport (dann ein luftiges Tuch darüberdecken, damit die Hühner nichts sehen und leichter zur Ruhe kommen).
- … eine größere Ausführung, falls man ein Huhn oder eine kleine Gruppe blitzschnell in Quarantäne setzen oder aus anderen Gründen schnell separieren muss.
- Wiederverwendbar
- Zum Transport und beim Tierarztbesuch dick mit Zeitungspapier und Hobelspänen auslegen
- Im Quarantänefall dick mit Einstreu ausstreuen, gegebenenfalls Zeitungspapier unter die Einstreu legen, falls die Tiere auf dem Boden rutschen

Stabiler Karton

- Notbehelf, funktioniert aber gut bei kurzen Transportwegen
- Mit eingeschnittenen Luftlöchern
- Bitte gut verschließen (lieber mit einem Gurt sichern)!
- Mit Zeitung und Hobelspänen auslegen, damit der Kot nicht durch den Boden suppt
- Sehr günstige Variante, aber nur einmal nutzbar
- Nach der Verwendung entsorgen (Hobelspäne samt Kot kompostieren)
- Es gibt auch fertige (mit Luftlöchern versehene) Geflügel Transportkartons im Fachhandel.

Generelle Tipps

- Die Transportwege so kurz wie möglich halten.
- Zum reinen Transport, besonders im Auto, nicht überdimensionierte Behälter wählen. In zu großen Boxen könnten die Hühner bei Bremsmanövern leichter umfallen und sich verletzen.
- Transportboxen im Auto gut sichern.
- Tiere idealerweise quer zur Fahrtrichtung stellen, dann neigen sie sich bei Bremsmanövern zur Seite.
- Die Sicht der Tiere behindern, Behälter möglichst abdunkeln – das schafft Ruhe.
- Niemals die Luftzufuhr einschränken!
- Bei längeren Fahrten Tiere tränken.

Die Hühner ankommen lassen!

LASS MICH ERSTMA' IN RUHE ...

Stress und neugierige Besucher – „nur mal gucken" – vermeiden.

Du hast noch keine Hühner? Die Neuankömmlinge bilden eine Gruppe unter sich?

- Bereite den Stall vor: kuschelige Einstreu, reichlich Futter an verschiedenen Stellen, Tränke.
- Du kannst die Hühner gleich in den Stall setzen. Den Stall unbedingt verschlossen lassen, den Ausschlupf nicht öffnen!
- Hühner ungefähr 5 Tage im Stall lassen, damit sie eine Bindung zu ihrem neuen Zuhause aufbauen. Wenn sie dir noch verschreckt und unsicher vorkommen, lieber noch ein paar Tage länger drin lassen.

Du hast bereits Hühner und willst neue Tiere dazusetzen?

Du brauchst Fingerspitzengefühl und einen Plan!

- Neuankömmlinge zunächst separat halten, um zu schauen, ob sie gesund sind (Quarantäne). Mindestens 1 Woche lang, im Zweifel länger.
- Deine Hühner im Bestand genau beobachten: Alle gesund?
- Nur gesunde Tiere vergesellschaften!
- Bereite den Stall vor der Zusammenführung vor: kuschelige Einstreu, unbedingt reichlich Futter an verschiedenen Stellen, Tränke.
- Setze die neuen Hühner unbedingt abends, nach Einbruch der Dunkelheit, in den Stall. Du kannst versuchen, sie auf die Stange zu setzen.

Vertraue der Nacht-Methode! Sie hat sich seit Jahrzehnten bewährt.

Gibt es dabei Geschrei und Geflatter, setze sie einfach in die Einstreu. Je geräuschloser und ruhiger das Hineinsetzen verläuft, umso besser. Vorteil dieser Methode: Die Tiere können sich über Nacht an die Geräusche der anderen gewöhnen. Morgens, in der Dämmerung und noch halb schlaftrunken, treffen sie das erste Mal sanfter aufeinander.

- Den Ausschlupf mindestens die nächsten 5 Tage nicht öffnen. Die Hühner müssen sich erst aneinander gewöhnen und ihre Rangordnungskämpfe ausfechten. Nicht erschrecken: Das geht mit Geschrei und Gezanke, mit Verfolgungen und Picken einher. Alles völlig normal. Geschehen lassen! Nur eingreifen, falls ein Huhn gravierend blutet!
- Ist die Gruppe noch sehr hektisch, lieber etwas länger im Stall lassen.

Hast du einen Kaltscharrraum vor dem Stall?

- Lass die Hühner nach der Eingewöhnungsphase im Stall die nächsten Tage erstmal nur dort hinein. Ziel ist, dass sie sich den Ausschlupf merken.

Hast du keinen Kaltscharrraum? Oder ist der Auslauf sehr groß?

- Dann bietet es sich an, zunächst einen kleineren Bereich direkt vor dem Ausschlupf provisorisch abzuzäunen. Zum Beispiel mit preiswerten Gittern eines Kleintiergeheges. Die ungewohnte Umgebung wird zumindest die neuen Hühner fürs Erste davon abhalten, über den provisorischen Zaun zu fliegen. Ziel ist einfach, dass sie ein paar Mal von allein wieder in den Stall schlüpfen und sich den Weg nach Hause merken.

an AUSLAUF!! denken!
Stall
FREIGEHEGE

Automatischer Türöffner??
Au ja!

Tür so breit,
dass Schubkarre durchpasst!!

Strom-anschluss
?
nicht vergessen!

FESTER STALL:
kleiner Vorbau als Lagerplatz für Futter und Gerätschaften möglich?

MOBILER STALL:
Wo Vorräte lagern?
Wo Futter mischen?
Im Haus?
Im Schuppen?
?

Der Stall, das Hühner-Zuhause

MOBILES STÄLLCHEN ODER FESTES BAUWERK?

	Mobiler Stall	Fester Stall
Kosten	Günstiger	Teurer
Haltbarkeit	Weniger lang haltbar	Langlebiger
Häufig verwendete Materialien	Holz	Stein, Holz
Pflegebedarf	Außen regelmäßiger Holzschutz, innen Parasitenprävention	Abhängig vom Material, beim gemauerten Stall außen kaum Pflegebedarf, innen Parasitenprävention
Eigenkonstruktion & Selbstbau	Mit Geschick möglich	Eigenkonstruktion meist nicht möglich, Selbstbau unter professioneller Anleitung möglich
Realisierbare Größe	Eher kleiner	Theoretisch alle Dimensionen
... Konsequenzen daraus	Haltung weniger Hühner, wenn der Stall nicht begehbar ist: erschwerte Reinigung	Anzahl der Tiere kann an den Raum angepasst werden, bei begehbaren Ställen einfachere Reinigung
Pro	» Man kann gleich mit dem Projekt anfangen! ☺ » Beides möglich: kaufen oder selber bauen » Relativ günstig » Selberbauer können vorhandene Materialien recyceln. » Stall an einen anderen Ort zu versetzen, ist meist möglich. Manche Modelle lassen sich zu zweit wegtragen oder haben Räder zum Wegrollen. » Falls man die Hühnerhaltung doch wieder aufgibt: ist leichter abzubauen, transportabel und könnte verkauft oder verschenkt werden	» Ein festes, sicheres Zuhause für die Hühner » Guter Schutz vor Wind und Wetter » Kann Generationen von Hühnern beherbergen » Man ist relativ frei in der Anzahl der Tiere. » Ein richtiges kleines Gebäude: Es kann eine schöne Zier im Garten sein. » Falls der Stall mannshoch ist: kann aufrecht stehend gereinigt werden » Falls man die Hühnerhaltung doch wieder aufgibt: kann als Schuppen genutzt werden
Kontra	» Beschränkt in der Anzahl der Tiere » Günstige Fertigställe oder Bausätze vom Baumarkt und von großen Online-Plattformen bestehen nicht selten aus zu dünnem Holz, haben konstruktive Schwächen und eine schlechte Verarbeitung (Wie soll der Billig-Preis auch sonst möglich sein?), dadurch wenig Widerstand gegen Wetter und Fressfeinde, wenig Isolierung im Winter. » Die am Stall häufig integrierten Ausläufe sind viel zu klein, als Kaltscharrraum aber geeignet. » Selbstbau dauert länger, als man anfangs denkt! ☺ » „Windige“ Konstruktionen sind ein Sicherheitsrisiko für die Hühner (Füchse und Waschbären sind schlau und stark). » Umständlicher zu reinigen (oft in gebückter Haltung)	» Höhere Anschaffungskosten » Meist Beauftragung oder zumindest Rat von professionellen Handwerkern erforderlich » Steht an Ort und Stelle, nicht versetzbar » Man kann nicht gleich loslegen: Lieber vorab beim Bauamt fragen, ob Baugenehmigung oder Bauanzeige nötig sind (wird in den Gemeinden unterschiedlich geregelt). » Wird die Hühnerhaltung aufgegeben und kann man das Gebäude nicht anderweitig nutzen: höherer Aufwand für Abbau und Entsorgung

Einen Stall selber bauen

KANN ICH DAS?

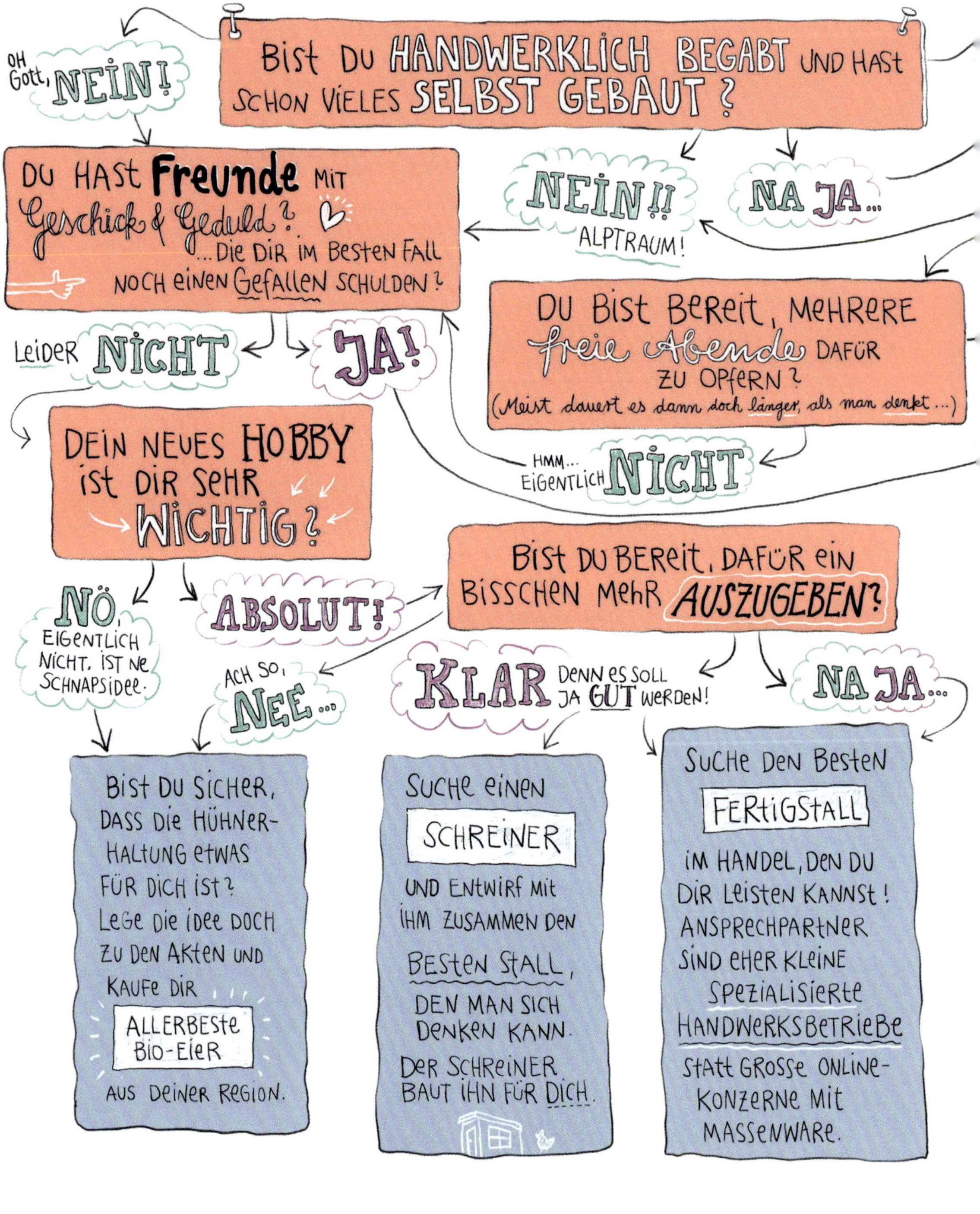

JA KLAR!

DU BIST KREATIV UND LIEBST ES, IM → BAUMARKT ZU STÖBERN?

ES GIBT NICHTS SCHÖNERES!

ABSOLUT!

JUHU! DIR STEHEN ALLE DIY-OPTIONEN OFFEN!

VERSUCHE, DEINEN FREUNDEN DEN STALLBAU ALS EVENT ZU VERKAUFEN, UND VERSPRICH IHNEN EINEN GRILLABEND, WENN DAS DING FERTIG IST!

SUCHE EINEN GUTEN, DICKWANDIGEN, MIT HOCHWERTIGEN MATERIALIEN GEBAUTEN, NICHT ZU KLEINEN STALL ALS BAUSATZ, DER MÖGLICHST VIELE DER IN DIESEM BUCH GESAMMELTEN TIPPS VEREINT.

SUCHE EIN FERTIGES GERÄTE- ODER GARTENHAUS. EINEN KLEINEN SCHUPPEN VIELLEICHT, UND BAUE DAS TEIL NACH DEINEN VORSTELLUNGEN UM.

PLANE UND BAUE DEINEN INDIVIDUELLEN STALL! NUTZE DABEI DIE TIPPS AUS DIESEM BUCH.

DU SCHAFFST DAS!

TIPPS FÜR SELBERBAUER

Ideen für einen kleinen Holzstall. PS: Für einen fest gemauerten, begehbaren Stall brauchst du Profi-Hilfe vom Handwerker.

Material

Sogenannte Plattenware ist besser geeignet als Nut- und Federbretter oder aneinandergesetzte Glattkantbretter. Sie haben bei DIY-Stall-Projekten folgende Vorteile:

- Es sind bereits größere Flächen fertig, du musst Wände nicht erst aus Brettern zusammensetzen.
- Du kannst die Platten im Baumarkt passend zuschneiden lassen, maximales Plattenmaß meist 2,50 m × 1 m.
- Es gibt weniger Stöße, Fugen und Schraublöcher, demnach weniger Verstecke für Parasiten.
- Du bekommst eine glattere Oberfläche als bei sägerauen Brettern, demnach weniger Verstecke für Parasiten.
- Es ist auf die Fläche gerechnet günstiger als glatt gehobelte Bretter.
- Sowohl bei Brettern als auch bei Plattenware: Es ist ein umweltfreundlicher Holzschutzanstrich von außen nötig. Am besten Lasur mit den Zertifikaten „Blauer Engel" und „geprüfte Sicherheit für Kinderspielzeug" (DIN EN 71-3) wählen. Dann freuen sich Hühner & Umwelt, das Holz bleibt offenporig, es kann atmen und die Feuchtigkeit regulieren.

Größe

- Kleine Hühnerrassen: mindestens 1 m² pro 3–4 Tiere
- Mittlere, große und lebhafte Rassen: mindestens 1 m² pro 1–2 Tiere
- Größer geht immer!

Ein Stall ist so individuell wie seine Besitzer und Bewohner …

… hier kann zum Beispiel die komplette Vorderfront zum Saubermachen geöffnet werden.

Die Lüftungsschlitze sind raubtiersicher vergittert und durch eine Klappe mit Riegel zusätzlich verschließbar. Das Fenster ist ebenfalls vergittert, sodass es nachts offen bleiben kann.

Unperfekt upcyceln oder perfekt neu bauen?

Wenn ein Gartenhäuschen, ein Schäferwagen oder was auch immer umgebaut werden soll, steht man manchmal vor dem Dilemma: Das Häuschen wäre vorhanden und wartet auf die Umgestaltung – es ist aber aus Brettern zusammengesetzt!? Also wegwerfen und neu aus Platten bauen? In diesem Fall prüfe deine Optionen:

→ Kann ich den Stall innen mit Platten auskleiden? Die Parasiten nisten sich vor allem darin ein, um nachts auf die Hühner zu krabbeln und sie zu malträtieren.
→ Kann ich die Platten so anbringen, dass keine Maus zwischen Innenverkleidung und Außenbrettern gelangen kann?
→ Sind die Bretterstöße so schmal, dass ich sie mit einem dicken Außenfarbanstrich, gegebenenfalls auch mit Silikon in den Fugen, schließen kann?
→ Keinesfalls Folien oder andere hermetisch abriegelnde Materialien verwenden. Das würde Feuchtigkeit im Stallinneren einschließen und Atemwegsprobleme hervorrufen können.

Haben Spatzen gecheckt, wo es in den Stall und zum Hühnerfutter geht, helfen an den Ausschlupf getackerte Stoffstreifen. Die Hühner lernen hindurchzugehen, Spatzen trauen sich eher nicht.

Individualität

Du kannst einen ganz einzigartigen Stall bauen: je nach Selberbauer-Skills, Anzahl der Hühner, Gegebenheiten vor Ort, Budget, optischen Wünschen und sonstigen Bedürfnissen. Ein paar Ideen ...

- Das Dach mit Scharnieren klappbar gestalten: Das kann je nach sonstiger Bauart die Reinigung erleichtern.
- Den Stall erhöht auf Pfosten setzen: Rückengeplagte müssen sich dann beim Saubermachen nicht so bücken. Lass dich im Internet von Baumhäusern inspirieren. Eine stabile Hühnerleiter ergänzen.
- Die Legenester von außen zugänglich machen: So kannst du Eier sammeln, ohne den Stall zu betreten.
- Räder unter den Stall montieren: So kannst du ihn woandershin rollen, zum Beispiel im Frühling aufs Gemüsebeet. An mobile Zäune zum Stecken denken, damit die Hühner bleiben, wo sie sein dürfen. Bei der Auswahl der Räder auf die Traglast achten.

- Tragegriffe montieren: Leichte Ställe können zu zweit auf Rollbretter gehoben und versetzt werden.
- Einen kleinen Vorratsraum ansetzen: zur Lagerung von Futter und Equipment. Unbedingt waschbärsicher verschließbar gestalten.
- Den Ausschlupf mit einer automatischen Hühnerklappe ausstatten: Eine Zeitschaltuhr, ein Lichtsensor oder eine App steuern das Öffnen und Schließen des Ausschlupfs automatisch. An den Stromanschluss denken!
- Optimal ist ein sogenannter Windfang vor dem Ausschlupf. Das ist genau genommen ein Kasten, der direkt vor dem Ausschlupf montiert wird. Er verhindert Zugluft im Stall. Die Hühner müssen quasi um die Ecke gehen, um ins Freie zu gelangen, gewöhnen sich aber sehr schnell daran.
- Bei aller Individualität auf Verzierungen wie Blumenkästen, Fensterläden & Co. bitte verzichten. Hinter jedem Schnickschnack und in jeder unnötigen Ritze kann sich die Rote Vogelmilbe verstecken, ein Parasit, der nachts die Hühner plagt. Deine Persönlichkeit kannst du durch Farbe voll ausleben!

Ein Windfang verhindert wirksam Zugluft im Stall und kann mit einem automatischen Türöffner kombiniert werden.

Stalldämmung – ja oder nein?

Bei gemauerten Ställen muss häufig keine Extradämmung angebracht werden. Bei Holzställen und Kleinstställen kann eine Dämmung zwischen Außen- und Innenwand angebracht sein. Aber Achtung: Rigoros gegen Kälte gedämmte Ställe schotten den Stall meist so ab, dass Feuchtigkeit (aus Atemluft und Kot) nicht entweichen kann und sich als Kondenswasser an Wänden und Fenstern niederschlägt. Das sollte unbedingt vermieden werden. Feuchtigkeit führt eher zu Atemwegsinfekten als Kälte! Erfrierungen von großen Kämmen und Kehllappen sind ein Resultat aus Kälte plus Feuchtigkeit.

Jetzt beeil dich mal!

Soll das so?

GUT UND SCHLECHT UND NA JA ...

- 👍 stabile, langlebige Konstruktion
- 👍 Steht auf „Beinen“ als Schutz vor aufsteigender Feuchtigkeit, Ratten können sich nicht darunter einnisten, die Hühner können auch die Fläche unter dem Stall nutzen.
- 👍 kreative Hühnerleiter
- 👎 Optimal wäre, die Wand bestünde aus Platten, aber wenigstens ist sie aus sehr breiten Brettern gebaut, sodass es wenige Ritzen gibt, in die sich Parasiten verkriechen können.
- 👎 Sind die Stöße der Bretter nicht abgedichtet, kann es im Stallinneren ziehen.

- 👍 hübscher Vintage-Style
- 👍 einfach und zweckmäßig
- 👍 Steht auf „Beinen“ als Schutz vor aufsteigender Feuchtigkeit, Ratten können sich nicht darunter einnisten.
- 👍 robuster Schieber vor dem Ausschlupf
- 👍 Gitter vor den Lüftungslöchern
- 👎 Glattkantbretter aneinandergesetzt (wenn von innen Platten gegengeschraubt sind, ist das so in Ordnung)
- 👎 Holz als Dacheindeckung ist nicht so gut geeignet, verwittert schnell.
- 👎 Lüftungslöcher zu weit unten, es dürfte im Stall ziehen
- 👎 ... wollen wir hoffen, dass wenigstens an der Stallrückseite ein großes Fenster ist.

- optisch ein Hingucker
- Stall kann versetzt werden
- Konstruktion aus Platten
- Außen angesetzte Legenester sparen Platz im Stallinneren, durch Öffnungsklappen mit Scharnieren kann man die Eier leicht von außen entnehmen.
- viel zu kleiner Auslaufbereich
- Unter dem Metalldach kann es je nach Innenverkleidung sehr heiß werden.
- Die Legenester scheinen nicht sicher verschließbar zu sein, hier könnten Waschbären einsteigen.

- Richtig was fürs Auge!
- robust und langlebig, absolut wetterfest
- viel Platz
- große Fenster
- angeschlossener Kaltscharrraum
- Innen könnten sich in den Ritzen der Nut- und Federbretter Vogelmilben verstecken.

Denk dran!
... der perfekte Stall

1.

2.

4.

5.

7.

8.

3.

6.

9.

1. Feuchtigkeit ist schlimmer als Kälte! Falls es im Winter zu Erfrierungen an Kamm und Kehllappen kommen sollte, ist die Kombination aus Luftfeuchtigkeit und Kälte schuld.
2. 15 % Dachneigung bedeutet 15 cm Höhenunterschied auf 1 m. Bei einem 2 m langen Stall wäre eine Wand also 30 cm höher als die gegenüberliegende. Selbermacher tun sich mit einem Pultdach am leichtesten.
3. Wände, Decken und Böden sollten so wenige Ritzen, Löcher und Hohlräume wie möglich haben. Denn darin verstecken sich Parasiten gern.
4. Preiswert & gut: Betonboden! Auch Holzbohlen sind möglich, müssen aber gegen Feuchtigkeit imprägniert werden. Auf Nagespuren von Ratten achten. Gewachsener Erdboden kommt nicht infrage, Füchse und Ratten könnten sich hineingraben.
5. Die Legeperiode der Hennen wird durch Hormone bestimmt, die vom Tageslicht gesteuert werden. Sonnenlicht ist zudem der Feind der Parasiten. Je mehr (natürliches) Licht im Stall, desto gesünder für die Hühner!
6. Hühner benötigen mehr Sauerstoff als Säugetiere. Deshalb ist eine gute Belüftung essenziell. Sie beugt auch einer gesundheitsgefährdenden hohen Luftfeuchtigkeit im Stall vor – sommers wie winters. Lüftungsöffnungen müssen raubtiersicher sein.
7. Man sollte easy in alle Ecken gelangen. Glatte, (auch mal heiß) abwischbare Oberflächen, die man auch mit Desinfektionsmittel behandeln kann, sind top.
8. So wenig Ausstattung wie möglich, so viel wie nötig.
9. Die Öffnung, durch die die Hühner rein und raus gelangen, muss nachts unbedingt verschlossen werden: per Hand mit einem Schieber oder durch eine elektronische Hühnerklappe.

Gesundes Stallklima für gesunde Hühner

SCHWERKRAFTLÜFTUNG DURCH LÜFTUNGSSCHLITZE

Tolle Sache! Ohne Strom, einfach Physik!

- Lüftungsschlitze an zwei gegenüberliegenden Stallwänden ermöglichen die Schwerkraftlüftung!
- Im oberen Stallbereich, unter der Decke, außerhalb des Aufenthaltsbereichs der Hühner platzieren, sodass sie vor Zugluft geschützt sind.
- Aber optimalerweise in unterschiedlicher Höhe platzieren.
- Schieber aus Holz oder Plexiglas vorsehen, damit die Schlitze in richtig kalten Nächten auch mal verschlossen werden können.
- Das Prinzip dahinter: Warme Luft ist leichter als kalte Luft. Warme Luft steigt nach oben, kalte Luft sinkt nach unten ab.
- Zum Schutz vor Fressfeinden die Lüftungsschlitze unbedingt mit Gittern verschließen.

Kalte Luft sinkt nach unten ab, warme Luft steigt nach oben.

So funktioniert die Schwerkraftlüftung

Der Stall im Sommer

- Das Fenster möglichst rund um die Uhr öffnen oder aushängen.
- Fensteröffnung unbedingt durch Volierengitter schützen! Dann kann es auch nachts offen bleiben – was wegen der Frischluftzufuhr sehr zu empfehlen ist.

Der Stall im Winter

- Hühner brauchen keine Heizung!
- Keine Angst vor kühlen Temperaturen! Nicht Kälte ist der Übeltäter, sondern Feuchtigkeit!
- Feuchte Kälte ist schlimmer als trockene Kälte.
- Lüftungsschlitze an milden Tagen offen lassen, gegebenenfalls auch das Fenster leicht geöffnet halten (ans Schutzgitter denken!).
- Ansonsten täglich lüften!
- Fenster bei sehr kalten, Lüftungsschlitze bei eisigen Temperaturen schließen.
- Eingefrorenes Wasser erneuern oder elektrische Tränkenwärmer aufstellen.

Gute Idee

Einen passgenauen Holzrahmen bauen, mit Volierengitter bespannen und in der Fensterlaibung fixieren. Dann kann der komplette Rahmen zum Reinigen herausgenommen werden (es werden sich Staub und Federreste darin verfangen, da kannst du sicher sein).

Jetzt mal konkret

Maschenweite für Fenster- und Lüftungsgitter: max. 1 cm, dann haben Fressfeinde keine Chance!

Lieber kalt und trocken, als warm und feucht!

Gewappnet gegen Räuber

DIE TOP 5 DER HÜHNERFEINDE … UND WIE MAN SIE AUSSPERRT

Den Ausschlupf über Nacht fest verschließen, stabile Riegel verwenden – Fuchs und Waschbär sind stark, klug & lernfähig. Waschbären können außerdem mit ihren Pfötchen Riegel gezielt öffnen.

Ratten greifen ausgewachsene Hühner zwar nicht direkt an (sie würden sich aber an Küken versuchen), sondern sind Futterkonkurrenten, können Krankheiten übertragen und sorgen für Unruhe in der Hühnerherde.

Futterreste nicht herumliegen lassen, das zieht sie magisch an.

Keine Hohlräume unter dem Stall, darin könnten sie sich einnisten.

Greifvögel schlagen im Auslauf zu. Sie schaffen kräftige Hühner zwar nicht wegzutragen, töten oder verletzen sie aber schwer.
Den Auslauf möglichst mit Netzen überspannen oder viele Bereiche mit Büschen und Bäumen schaffen, um die Sicht der Greifvögel aus der Luft einzuschränken.
Offene Fenster und Lüftungsschlitze mit Volierendraht bespannen, damit Fuchs, Marder, Waschbär und Ratten nicht hineingelangen können.
Der Stall muss einen festen Boden haben, keinen gewachsenen Erdboden!

Das gehört rein in den Hühnerstall

EIN ÜBERBLICK

- Einstreu auf dem Boden
- 1–2 Sitzstangen
- Kotbrett unter der Sitzstange
- Legenester mit Einstreu
- 1 Tränke
- 1 Futterautomat für Standfutter
- 1 oder mehrere Futtertröge
- 1 Gritbehälter
- Evtl. 1 Sandbad

Das gehört übrigens nicht in den Hühnerstall

- Heizung
- Deko (das wäre nur eine Unterschlupfmöglichkeit für Ungeziefer)
- Anderes Geflügel (Hühner können leider nicht mit beispielsweise Wachteln im selben Stall gehalten werden)

Je kleiner der Stall, umso mehr musst du knobeln, damit alles platzsparend hineinpasst. Ziel ist ein Maximum an Lauffläche für die Hühner und Bewegungsfreiheit für dich beim Reinigen.

Legenest? ...
Mir doch egal.

Die Einstreu im Stall

NORMALE EINSTREU VERSUS TIEFSTREU

Es gibt zwei Arten der Bodeneinstreu für Hühnerställe, beide haben Vor- und Nachteile. Für beide Varianten eignen sich die gleichen Einstreumaterialien.

Normale Einstreu wird lediglich den Boden bedeckend, ca. 2–3 cm hoch, ausgestreut. Es sollte häufig ausgemistet werden – am besten täglich, aber mindestens mehrmals wöchentlich. Das bedeutet ein kompletter Austausch der Einstreu bei jeweils geringer Einstreumenge.

Tiefstreu (auch Deep Litter genannt) ist eine 20–25 cm hohe Einstreuschicht, die in der Regel einmal im Jahr komplett ausgetauscht wird. Übers Jahr bleibt die Einstreu im Stall, wird aber ab und zu mit neuer Einstreu aufgefüllt, wenn die alte durch (natürliche) Zersetzungsprozesse an Volumen verloren hat. Manche Halter lassen auch immer einen Grundstock an alter Einstreu im Stall und tauschen sie sukzessive aus.

Materialien

Als Einstreu gut geeignete Materialien: Hobelspäne (kostengünstig und gut saugend) sowie Strohhäcksel, Lein-, Hanf- und Rapsstrohhäcksel, manche Halter streuen auch mit Sand ein. Keine eigenen Sägespäne vom Baumsägen oder Abfall aus dem Sägewerk nehmen! Der enthaltene Sägestaub belastet die Atemwege der Hühner. Handelsübliche, als Einstreu deklarierte Hobelspäne sind entstaubt.

Gute Idee

Beim Komplettaustausch etwas von der alten Einstreu in die neue tun, um sie mit den stalleigenen Mikroorganismen zu impfen.

Die Einstreu ist feucht …

MÖGLICHE GRÜNDE:

- → **Bei klassischer Einstreu: zu selten ausgemistet, zu viele Tiere, ausgekippte Tränke, schlechte Stalllüftung**
- → **Bei Tiefstreu: zu geringe Einstreuhöhe, zu geringe Stallfläche (es konnte sich kein gesundes Milieu bilden), zu viele Tiere, bei punktueller Feuchtigkeit: ausgekippte Tränke**

MÖGLICHE ABHILFE:

- → **Bei klassischer Einstreu häufiger ausmisten (bei Ministällen eventuell täglich), bei Tiefstreu höher einstreuen (feuchte Einstreu ggf. ersetzen), weniger Tiere halten, Tränke kippsicher aufstellen, Lüftung prüfen, anderes Einstreumaterial ausprobieren oder anteilig beimischen**

Einstreu muss immer trocken sein!

Vor- und Nachteile der Tiefstreu

Pro

Kein regelmäßiges Ausmisten (Kotbrett täglich reinigen bleibt als Routine)
Eine große Reinigungsaktion pro Jahr statt vieler kleiner innerhalb der Woche
Einstreu wird meist 1 x im Jahr komplett ausgetauscht.

Durch den seltenen Einstreu-Austausch hält sich die Staubbelastung für die Atemwege der Hühner im Alltag in Grenzen.

Gut für mittlere bis große Ställe geeignet

In der Einstreu bildet sich ein eigenes (positives) Mikroklima, das förderlich für die Hühner-Gesundheit ist. Auch die Geruchsbelästigung ist dadurch gering, die Hygiene gut.

Tipp: Einzelne größere Verschmutzungen können mit einer Schaufel aus der Einstreu gehoben werden, damit die Hühner und man selbst nicht hineintritt.

Kontra

Hoher Verbrauch an Einstreu 1 x im Jahr, dann müssen große Mengen (und Gewicht!) an Einstreu transportiert und entsorgt werden.

Beim jährlichen Austausch staubt es sehr! Am besten Staubmaske aufsetzen und die Hühner während der Reinigungsaktion aussperren.

Nicht gut für Ministälle geeignet

In Ministällen reicht die Einstreumenge unter Umständen nicht aus, damit sich das Mikroklima zum Positiven dreht. Bei zu vielen Hühnern kann der Stall eher verschmutzen.

Eine gute Einstreu … bleibt weitgehend trocken, lädt Hühner zum Scharren ein, staubt nicht und ist nicht allzu teuer, sodass man sie großzügig verwenden mag.

Sitzstange und Kotbrett

ALLES, WAS HUHN FÜR DIE NACHT BRAUCHT

bewährt & preiswert:
Kaufe eine glatt gehobelte Dachlatte (Vierkantholz) aus dem Baumarkt!

Latte an beiden Enden an der Stallwand montieren: mit Winkeln oder Balkenschuhen

Alternativ das Kotbrett auf an die Wand gedübelten Leisten lagern und die Sitzstangen mit Abstandsklötzen am Kotbrett befestigen

Bei vielen Tieren und langer Sitzstange ggf. das Gewicht mittig abfangen

Kanten unbedingt mit einem Hobel brechen, mit Sandpapier nacharbeiten Ist die Latte sehr rau, etwas glätten: schöner für Hühner, ungemütlicher für Parasiten

Viereckige Holzlatte, die Hühnerfüße sollten flach aufliegen

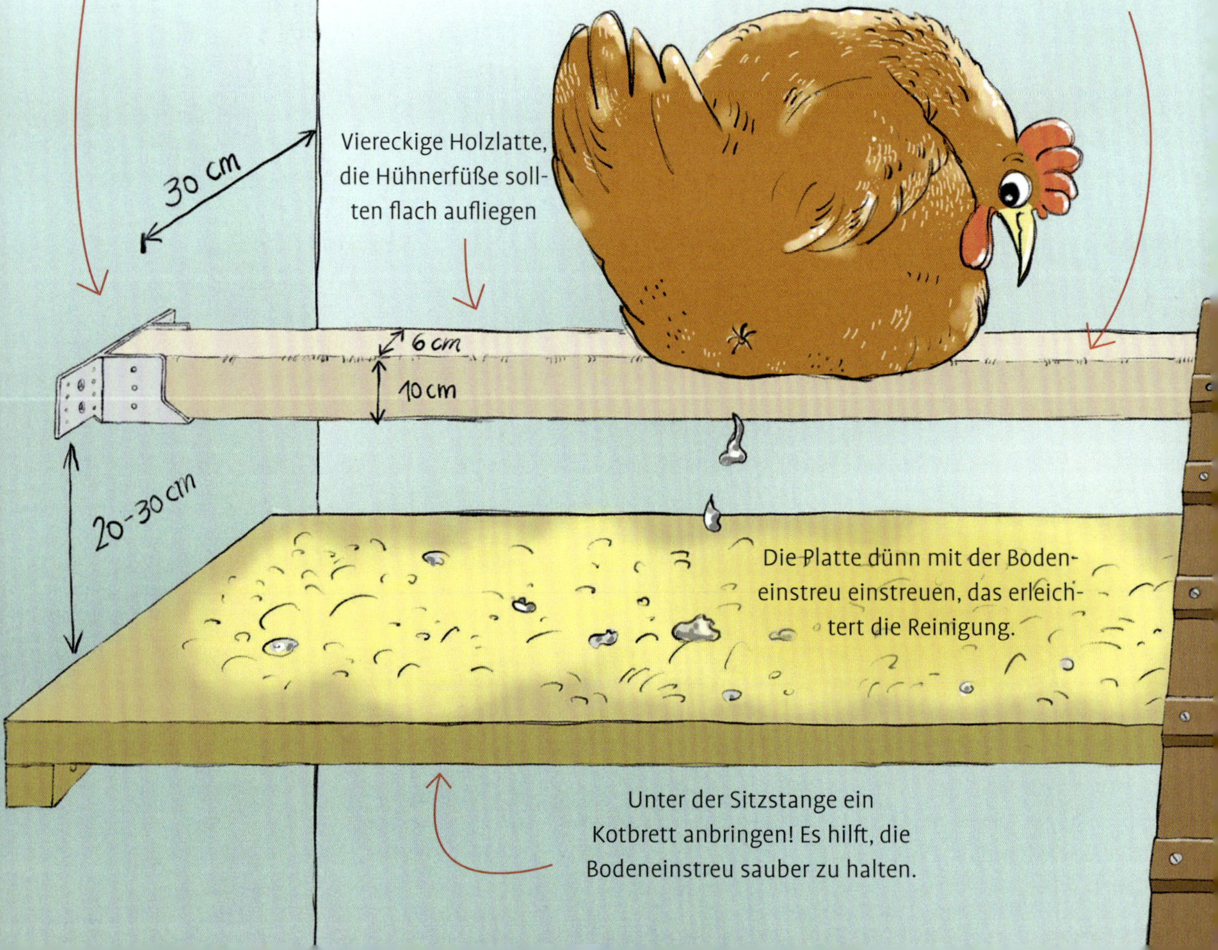

Die Platte dünn mit der Bodeneinstreu einstreuen, das erleichtert die Reinigung.

Unter der Sitzstange ein Kotbrett anbringen! Es hilft, die Bodeneinstreu sauber zu halten.

Ich mach das so …

Als Sitzstangenhöhe wird oft 1 m empfohlen, da so ziemlich alle Hühnerrassen bis zu dieser Höhe gut hoch- und wieder runterfliegen können. Meiner Erfahrung nach sind 1,20–1,50 m Höhe für den Halter sehr viel rückenfreundlicher bei der täglichen Kotbrett-Reinigungsroutine.

Jetzt mal konkret

SITZSTANGE:

- → Holzlatte ca. 6 cm breit, für Zwerghühner etwas schmaler
- → Tipp: Eine Latte 10 × 6 cm kaufen und hochkant anbringen (Sitzfläche 6 cm). Vorteilig für die Stabilität, die Latte biegt sich so weniger leicht durch.
- → Pro Huhn mindestens 30 cm Sitzstangenbreite einplanen (für Zwerghühner genügt etwas weniger). Mehr geht immer!
- → Mit 30 cm Abstand zur Rückwand anbringen. Hältst du einen Hahn mit langen Sicheln (Schwanzfedern), mehr Abstand einplanen, damit er sie sich nicht an der Wand ramponiert.
- → Sitzstange in 1–1,50 m Höhe anbringen

KOTBRETT:

- → 20–30 cm unter der Sitzstange das Kotbrett anbringen
- → Genauso lang wie die Sitzstange und mindestens 60 cm, besser 1 m tief bzw. so lang, wie die Arme reichen, damit man die Platte bis zum letzten Winkel bequem säubern kann.

Eher eine Platte als ein Brett
Tipp: In die Restekiste im Baumarkt schauen, welche Platten mit glatter Oberfläche es dort zu günstigen Preisen gibt.
OSB-Platten eignen sich nicht, da sie zu rau und somit nicht leicht zu säubern sind und leichter Feuchtigkeit aus dem Kot aufnehmen können.

Das perfekte Legenest

… IST NICHT VIEL MEHR ALS EINE KISTE

Ein Nest ist zu wenig! Du brauchst mindestens 2 Nester!

- Pro 5 Hennen 1 Legenest anbieten, aber …
- Immer mindestens 2 Nester zur Verfügung stellen, um „Warteschlangen" zu vermeiden.
- Du kannst Legenester aus Kunststoff oder Holz im Fachhandel kaufen …
- … oder aus Holz selber bauen, am besten & leichtesten geht es aus sogenannter Plattenware,
- … oder fertige Holzkisten aus Baumarkt und Co. nehmen.
- Du kannst zusätzlich auch noch ein größeres Nest anbieten, ein sogenanntes Gemeinschaftsnest. Manche Hennen legen ihre Eier gern in Gesellschaft.
- Wo anbringen? Der schlechteste Platz ist neben dem Ausschlupf. Der beste Platz ist in der ruhigsten, möglichst dunklen Ecke im Stall.

Den Kistenboden an die Wand schrauben. Vorn unten eine stabile Leiste gegenschrauben: Dann fällt die Einstreu nicht heraus und sie kann als Anflugstange genutzt werden.

Materialien

- Als Einstreu fürs Legenest sehr gut geeignet: Strohhäcksel oder kurz geschnittenes Stroh, Dinkelspelzen
- Nicht wundern: Hühner bauen kein rund gedrehtes Nest, wie wir es von Singvögeln kennen oder wie uns die niedlichen Illustrationen auf den Oster-E-Cards weismachen wollen. Nein, Hennen rutschen ein paar Mal mit dem Popo in der Nesteinstreu hin und her, bis sie eine bequeme Position gefunden haben – fertig!

Gute Idee

Man kann auch prima improvisieren. Als Nester werden, schön ausgepolstert, allerlei Allerweltsgegenstände aus dem Haushalt angenommen: Wäschekörbe, Obst- und Weinkisten, Schubladen, Katzentoiletten (gern auch mit „Verdeck", wegen dem Wunsch zur Abgeschiedenheit) …

Jetzt mal konkret

- → Für 5 Hennen: 2 Nester (hier greift die Regel „mindestens 2 Nester“)
- → Für 10 Hennen: auch 2 Nester
- → 10–15 Hennen: 3 Nester
- → Ab 16 Hennen 4 Nester … Mehr geht jeweils immer!
- → Eine gute Größe für ein Legenest: ca. 35 × 35 × 35 cm
- → Wichtiger als die genauen Abmessungen sind Ruhe und Abgeschiedenheit.
- → Ungefähr 50 cm vom Boden entfernt anbringen. Höher geht auch, dann brauchen die Hennen eine richtige Anflugstange (eine Latte) davor und/oder eine Hühnerleiter.

Die Eier täglich einsammeln!

Der Kaltscharrraum

ÜBERGANG VON DRINNEN NACH DRAUSSEN

Dabei handelt es sich genau genommen um eine Voliere, die mit dem Stall verbunden ist. Der Kaltscharrraum ist rundum mit kleinmaschigem Volierendraht oder Gitter verschlossen, das Dach ist regenundurchlässig mit Platten oder einer richtigen Dachkonstruktion versehen. Synonym für Kaltscharrraum wird auch der Begriff Wintergarten verwendet, was verwirrend ist, weil dieser Anbau nicht verglast, sondern vergittert ist.

Der Boden kann aus Beton sein und dann eingestreut werden oder aus gewachsenem Boden bestehen. Bei einem gewachsenen Boden gibt es zwei Dinge zu beachten. Erstens: Dieser Kaltscharrraum eignet sich ausschließlich zum Aufenthalt während des Tages, ansonsten bestünde die Gefahr, dass sich Fuchs & Co. nachts zu den Hühnern durchgraben. Und zweitens sollten die Gitterwände etwa 20 cm tief in den Boden reichen, damit die scharrenden Hühner sich nicht versehentlich die Freiheit erarbeiten.

Vorteile eines Kaltscharrraums

- Bei absolutem Sch...wetter
- Wenn der Zaun repariert wird oder Arbeiten im Auslauf anstehen, kurzum wenn man keine Hühner gebrauchen kann, die einem um die Beine rennen.
- Wenn ein Fuchs o. Ä. gesichtet wurde und man erstmal die Lage peilen möchte.
- Als Notbehelf, wenn man schon weiß, dass man vor Einbruch der Dunkelheit nicht zu Hause sein wird und niemand anders den Stall verschließen kann. Das bedeutet aber, dass der Kaltscharrraum so gut gesichert sein muss, dass kein Räuber innerhalb von ein paar Stunden einbrechen kann.

Ich mach das so ...

Bei mir schließt sich der Kaltscharrraum direkt vor dem Ausschlupf an und reicht über die gesamte Breite des Stalls. Er hat eine normal große Tür (damit ich selber gut hineingelangen kann), die in der Regel zum Auslauf hin geöffnet ist. Ich kann sie aber auch verschließen, sodass die Hühner wie gewohnt den Stall verlassen können, aber im Kaltscharrraum bleiben.

Großes Glück bei einer Stallpflicht

Verhängt das Veterinäramt für den Landkreis oder bestimmte Teilgebiete eine sogenannte Stallpflicht, meist aufgrund einer Vogelgrippe-Gefährdung, müssen Hühner im Stall bleiben. Es gibt aber ein ABER. In einen Kaltscharrraum dürfen die Hühner unter Umständen trotz Stallpflicht gelassen werden und Luft und Sonne tanken – ein großes Plus für das Wohlbefinden der Tiere. Bedingung sind ein festes Dach (also nicht nur ein Gitter, Netz oder Maschendraht) und komplett vergitterte Seiten. Hintergrund: Wildvögel und deren Kot dürfen nicht mit dem Geflügel in Kontakt kommen. Das bedeutet auch, dass der Volierendraht sehr kleinmaschig sein muss: ca. 2 cm.

Der Auslauf

GENAUSO WICHTIG WIE DER STALL

Auslauf im Freien ist für Hühner ein absolutes Muss. Hier tanken sie Sonne, suchen nach Fressbarem, nehmen Sandbäder, können ihre natürlichen Instinkte und Verhaltensweisen ausleben, trainieren Sinne und Körper. Der Auslauf ist ein wichtiger Schlüssel zur Hühnergesundheit.

bewährt & preiswert: der gute alte Maschendrahtzaun

Der Zaun ringsum

- Der Auslauf sollte mit einem Zaun umfriedet sein. Optimal ist, wenn er an der Oberkante nach außen gekantet ist, dann kann ihn ein Fuchs nicht überwinden. Das bedeutet aber oft einen optischen Minuspunkt, da es nach Hochsicherheitszaun aussieht.
- Achtung bei Zäunen aus festen Zaunfeldern, die Hühner nehmen den obersten Rahmen gern als „Anflugstange" – fliegen rauf und von dort aus weiter. Ein Maschendraht- oder andere „weiche" Zäune sind nicht so einladend zum Auffliegen.
- Eine so große Pforte einplanen, dass du mit der Schubkarre durchkommst.
- Deinen Zugang zum Stall möglichst außerhalb des umzäunten Bereichs planen, damit du nicht jedes Mal durch den Auslauf laufen musst, um in den Stall zu gelangen (saubere Schuhe!). Das bedeutet im Umkehrschluss, dass der Stall nicht mitten im Auslauf, sondern an dessen Grenze steht.

- Der Zaun kann mit Hecken ergänzt werden. Vorteile: optische Aufwertung, günstig fürs Kleinklima im Auslauf (Windbremsung, Verdunstung, ggf. Schattenwurf) und die Hühner haben was zum Entdecken (Insekten im Geäst).
- Nur ungiftige Pflanzen wählen wie Hainbuche oder Buche. Oder wie wäre es mit einer freiwachsenden Hecke aus Johannisbeer-, Holunder-, Felsenbirne- und anderen Wildbeerensträuchern? Dann gibt es Vitamine gleich mit dazu.
- Die Top 3 der Heckenpflanzen in Deutschland ist leider absolut ungeeignet, da giftig: Thuja, Kirschlorbeer, Eibe.

Eine Abdeckung von oben

Ein Gitter – oder etwas leichter zu bewerkstelligen: ein Netz –, das den Auslauf überspannt, ist empfehlenswert. Greifvögel haben es so um ein Vielfaches schwerer, in den Auslauf zu gelangen. Manchmal ist die Umsetzung nicht so einfach, gerade bei (ansonsten sehr wünschenswerten) großen Ausläufen, die mit Bäumen bestanden sind.
Je nach Größe des Auslaufs kann das Netz nicht nur am Zaun befestigt werden, sondern muss auch mittendrin durch Pfosten o. Ä. abgefangen werden, damit es nicht zu sehr durchhängt.

Ich mach das so ...

Ich bin in der sehr glücklichen Lage, einen mehrere Hundert Quadratmeter großen Hühnerauslauf zu haben, darin stehen eine ausgewachsene Douglasie und mehrere Pflaumen- und Pfirsichbäume. Keine Chance, das Ganze unter kostentechnisch vertretbarem Aufwand zu übernetzen. Meine Wahl war also: Entweder den Auslauf beschränken und gegen Greifvögel sichern oder den Hühnern diesen großen, mehr als artgerechten Abenteuerspielplatz bieten und das Risiko eines Greifvogelschlags in Kauf nehmen. Ich habe mich für Letzteres entschieden und in den letzten 10 Jahren nur zwei Verluste auf diese Weise zu verzeichnen gehabt. Hier ist das Gebüsch von Vorteil: Die kreisenden Greifvögel sehen nicht gut hinein und können nicht so geradlinig zuschlagen, da fliegen sie lieber weiter zur nahegelegenen kahlen Pferdeweide und jagen Mäuse.

Jetzt mal konkret

- → **10 m² Auslauf pro Huhn sollte man einplanen. Größer geht immer!**
- → **Höhe der Umzäunung je nach Rasse: bei schweren, ruhigen Rassen mindestens 1,20 m, bei leichten agilen Rassen gern 2 m**

Die Gestaltung des Auslaufs

- >> Im Idealfall ist der Auslauf überall mit Gras bewachsen.
- >> Das Gras sollte immer kurz gemäht sein. Lange Grashalme können zu lebensbedrohlichen Kropfverstopfungen führen, wenn sie von den Hühnern runtergeschluckt werden. Weiterer Vorteil: Je öfter gemäht wird, umso robuster und trittsicherer wird die Grasnarbe und desto widerstandsfähiger gegen das Scharren der Hühner.
- >> Bereiche mit höherem (ungiftigem) Wildkraut sind okay: Brennnesseln, Melde, Weißer Gänsefuß, Nachtkerze, Fuchsschwanz (Amaranth), Sauerampfer ... hier gehen die Hühner auf Entdeckungsreise.
- >> Unbedingt sowohl für Sonnen- als auch für Schattenplätze sorgen!
- >> Die natürlichsten Schatten- und Halbschattenbereiche entstehen durch Bäume und Büsche. Falls möglich, diese anpflanzen. Bis sie groß genug zum Schattenwurf sind, kann man sich mit aneinandergelehnten und kippsicher befestigten Holzpaletten, Sonnensegeln usw. behelfen.
- >> Gern ein Sandbad einrichten, im Idealfall überdacht, sodass es auch bei Regen trocken bleibt. Richtet man den Hühnern keines her, werden sie sich selber eins „erschaffen", wahrscheinlich unter Büschen oder im Windschatten des Stalls.

Frisch gepflanzte Gehölze bis zum Anwachsen mit Kaninchendraht schützen. Den Wurzelbereich mit Steinen abdecken, damit er nicht aufgescharrt wird.

Auslauf de luxe: Was ist ein Wechselauslauf?

Scharren deine Hühner regelmäßig die Grasnarbe kaputt und du bekommst es einfach nicht hin, dass das Gras grün bleibt? Überlege, ob du einen Wechselauslauf einrichten kannst. Dazu teilst du die Auslauffläche noch einmal ab. Die Hühner dürfen immer nur in einen Bereich, während sich der Bewuchs im anderen Bereich erholen kann (im Sommer bei Trockenheit auch mal wässern). Der Wechsel erfolgt je nach Aufwuchs nach mehreren Tagen oder Wochen. Unter Umständen muss auch mal zwischendurch gemäht werden.

Und was, wenn ich das alles so nicht bieten kann?

Ist der explizite Hühnerauslauf nur klein, überlege, ob du deinen Hühnern stundenweise Auslauf im gesamten Garten verschaffen kannst. Du könntest dabei

Solange die Gehölze noch wachsen müssen, kannst du Paletten aneinanderstellen und gut sichern. Sie werfen lichten Schatten – und erfreuen als Aussichtspunkt.

sein und auf wertvolle Zierpflanzen achten oder diese mit einem mobilen Zaun schützen. Hier bietet sich wieder das zusammensteckbare Kleintiergehege von Seite 26 an.

Wer nur einen kleinen Auslauf hat, sollte dem Zufüttern von Grünzeug – Gemüse, Kräuter, Rasensoden – besondere Aufmerksamkeit schenken. Und für Abwechslung sorgen: In den Auslauf gelegte große belaubte Äste von ungiftigen Bäumen, Futter, das sie sich erst erarbeiten müssen und weitere Ideen halten die Hühner im kleinen Refugium beschäftigt.

Vorteile von Bäumen & Sträuchern im Auslauf

- → Eine naturnahe, artgerechte Umgebung, da Hühner ursprünglich in Wäldern und Waldrandgebieten (der Tropen und Subtropen) zu Hause sind.
- → Die Deckung, die Gehölze bieten, kommt ihrem Sicherheitsbedürfnis entgegen.
- → Das Schaffen natürlicher Halbschatten- und Schattenzonen.
- → Unter den Gehölzen ist der Boden in der Regel trockener – wird oft als Sandbad genutzt.
- → Laubabwerfende Gehölze bilden eine Streuschicht auf dem Boden, in der sich Insekten und andere Kleintiere ansiedeln – Nahrung und Beschäftigung für die Hühner.
- → Teils ergänzen die Gehölze selbst das Nahrungsangebot der Hühner: vor allem durch Beeren und andere Früchte, teilweise auch durch Blätter und Knospen.

Wichtig: Nur ungiftige, bekömmliche Arten pflanzen: Johannisbeeren, Heidelbeeren, stachellose Brombeersorten, Aronia, Felsenbirne, Eberesche, Mehlbeere, Holunder, Haselnuss, Linde, Birke …

Hühner lieben Erkundungsgänge im Garten! Und nun die schlechte Nachricht: Du musst dein Gemüse vor den hungrigen Schnäbeln schützen – oder mit den Hühnern teilen.

Soll das so?

ABER JA!
IST DAS HERRLICH ...

Das Sandbad

VORSORGE UND WELLNESS

Hühner brauchen das regelmäßige „Bad" in trockenem Sand. Zuerst lockern sie den Sand mit dem Schnabel, legen sich genüsslich hinein und verteilen den Sand scharrend und mit den Beinen rudernd in ihrem Gefieder, indem sie ihn regelrecht in die Luft wirbeln und auf sich niederprasseln lassen. Dabei machen sie die unmöglichsten Verrenkungen, übrigens gern auch zusammen mit der ganzen Hühnergruppe.
Durch den Sand werden Parasiten zwischen den Federn und auf der Haut erstickt, abgestreift und beim anschließenden Schütteln zusammen mit dem Sand und überschüssigem Gefiederfett herauskatapultiert.

Eine kreative Idee, ein Sandbad zu überdachen … die Brahma-Henne freut's.

Gute Idee

- → Du kannst dem Sand (wenig) Kieselgur oder Holzasche beimischen. Die Holzasche sollte von schadstofffreiem Holz ohne Kohleanzünder stammen.
- → Aus Platzgründen kann man das Sandbad gut im Kaltscharrraum oder im Auslauf (dann überdacht) aufstellen. Im Stall muss es nicht unbedingt ein Sandbad geben, vorausgesetzt die Tiere können jeden Tag nach draußen. Bei Stallpflicht sollte aber ein Sandbad im Stall installiert werden, zum Beispiel in Form einer größeren Kiste.

Was ist Kieselgur?

Dabei handelt es sich vereinfacht gesagt um fein pulverisierte Schalen fossiler Kieselalgen – ein rein natürliches Produkt. Aufgrund ihrer Struktur verletzen sie bei Kontakt die Milben (wohlgemerkt nicht die Hühner!), trocknen sie aus und bringen sie zum Absterben. Kieselgur kann von Mensch und Tier jedoch leicht eingeatmet werden, was nicht gesundheitsförderlich ist. Daher wenig davon einsetzen, nur, wo punktuell sinnvoll. Beim Ausbringen etwas größerer Mengen Staubschutzmaske aufsetzen, Brille absetzen oder eine ausrangierte aufsetzen (Kieselgurstaub zerkratzt leider manchmal auch Brillengläser) und die Hühner während der Arbeiten aussperren.

Futter

Die tägliche Fütterung der Hühner besteht aus mehreren Komponenten.

Grundfutter + Frischfutter + Abendkörner

Außerdem freuen sich die Hühner auf weitere Leckereien und Snacks zwischendurch – gern aus der Hand, damit sie schön zahm werden. Zusätzlich bedienen sich die Tiere selbst im Auslauf an Grünzeug und tierischer Kost (Insekten und Würmer).

1. KOMPONENTE: DAS GRUNDFUTTER

Biete deinen Hühnern Grundfutter rund um die Uhr zur freien Verfügung – das nennt man dann Standfutter. Am besten in einem sogenannten Futterautomaten. Ein Futterautomat ist ein interessantes Gefäß: einfach und einfach clever. Es ist ein rundes Kunststoffgefäß, in das du (trockenes) Hühnerfutter auf Vorrat füllst. Es rieselt von selbst in eine Rinne, aus der es die Hühner nach und nach aufpicken. Da die Rinne schmal ist, oft zusätzlich mit einem Aufsatz mit Löchern versehen, kann das Futter nicht so schnell in der Gegend herumgeschleudert oder verschmutzt werden.

Die einfachste Variante:

Alleinfutter – und gut is'!

Suche als Grundfutter nach einer Hühnerfuttermischung mit der Bezeichnung „Alleinfutter" für Legehennen. Darin ist der für Hühner so wichtige Proteingehalt ausreichend hoch, es enthält Mineralstoffe und Vitamine. Dieses Futter ist zur alleinigen Versorgung deiner Hühner mit Grundfutter geeignet (die anderen beiden Komponenten – Frischfutter und Körner – kommen stets noch hinzu). Alleinfutter gibt es entweder als Körnermischung (ganz oder geschrotet) oder als Pellets (→ Seite 68).

Soja – nein danke?

Hühnerfuttermischungen basieren überwiegend auf Weizen und Soja. Es gibt Varianten mit GVO-freiem Soja und sogar sojafreie Alternativen. Und natürlich auch Bio-Futter. Bei sojafreien Futtermischungen ist das Erreichen des nötigen Rohproteingehaltes nicht so einfach, was diese Futter teurer macht. Achte unbedingt darauf, dass sojafreie Futter auch das Label „Alleinfutter" tragen. Dann ist gewährleistet, dass andere Zutaten, meist Erbsen, ausreichend Proteine liefern.

So geht's auch:

Ergänzungsfutter
+ Ergänzungsfutter
= Grundfutter

Neben „Alleinfutter" gibt es auch „Ergänzungsfutter". Als Ergänzungsfutter werden verschiedene Futtermischungen bezeichnet, die ein bestimmtes Ziel in der Fütterung verfolgen, zum Beispiel eine gute Legeleistung, für die alleinige Versorgung deiner Hühner aber nicht ausreichen. Du musst sie kombinieren. Der Vorteil ist ein größerer Gestaltungsspielraum, je nach Futtersorte ist auch eine Kostenersparnis möglich.

Entscheidest du dich für diese Variante, kombinierst du ein Körner-Ergänzungsfutter mit einem Lege-Ergänzungsfutter – also Ergänzungsfutter plus Ergänzungsfutter.

- Das eine Ergänzungsfutter, das Körnerfutter, basiert in der Regel auf Weizen und Mais. Sehr viele Körnerfutter enthalten zudem Sonnenblumenkerne und Muschelschrot, manche noch weiteres Getreide und andere Samen.
- Das andere Ergänzungsfutter, häufig einfach „Legemehl" genannt, besteht ebenso zum Großteil aus Weizen und Mais, enthält aber noch reichlich pflanzliches Protein – in den meisten Fällen in Form von Soja.
- Erst in Kombination beider Ergänzungsfutter entsteht ein vollwertiges Hühnerfutter. Das empfohlene Mischungsverhältnis verrät dir das Etikett.

Lass dich aber nicht durcheinanderbringen: Es gibt auch Legefutter, das als Alleinfutter deklariert ist. Dann greift wieder die einfache Variante: Alleinfutter – fertig! Wichtig bei der Orientierung ist das Kleingedruckte: Ist das Futter ein Allein- oder ein Ergänzungsfutter?

„Alleinfutter“ und „Ergänzungsfutter“ sind gesetzlich definierte Verkehrsbezeichnungen, du kannst dich also darauf verlassen!

Und um die Verwirrung komplett zu machen: Alle Futterarten gibt es in **Körnerform** (von ganzen Körnern über geschrotet bis hin zu gemahlen) und als **Pellets**. Legemehl bezeichnet nicht nur mehlfein gemahlenes Futter, sondern auch geschrotetes Futter. Bei grob geschrotetem Futter kannst du die einzelnen Futterkomponenten erahnen. Bei Pellets wurde die Futtermischung zu uniformen kleinen Walzen gepresst.

Gute Idee

Den Futterautomaten etwa einmal die Woche leer fressen lassen, bevor neues Futter nachgefüllt wird. Feine Reste, bei denen man nicht die Geduld aufbringt zu warten, bis die gnädigen Hühner sich auch diesen angenommen haben, kann man mit etwas Buttermilch oder Magerquark binden oder ins Krümelfutter mischen.

Immer mit dabei: Grit

Grit gehört zwar nicht zum Grundfutter, ist aber so essenziell für die Hühnergesundheit, dass ich es mit zum Grundfutter stelle. Kein Hühnerstall ohne Grit, bitte!

Grit sollte den Hühnern ständig frei zur Verfügung stehen. Sie nutzen die feste, körnige Struktur der Steinchen zum Zermahlen der Nahrung in ihrem Muskelmagen und die meisten Gritarten liefern auch das für die Eierschalenbildung so wichtige Calcium. Obwohl in den Hühnerfuttermischungen meist schon

Ganze Körner, Schrot, Mehl oder Pellets?

	Pro	Kontra
Ganze Körner	>> Werden von Hühnern sehr gern gefressen >> Längere Haltbarkeit als bei zerkleinertem Futter >> Man sieht die Bestandteile mit bloßem Auge und kann sich von der Qualität überzeugen.	>> Die Hühner selektieren, Lieblingskomponenten werden zuerst gefressen, ranghohe Hühner bekommen mehr vom hochwertigen Futter ab als rangniedere. >> Relativ schnelle Futteraufnahme
Geschrotet bis mehlförmig	>> Die Hühner können weniger selektieren als bei ganzen Körnern. >> Die Futteraufnahme dauert länger als bei ganzen Körnern – je feiner der Mahlgrad, desto länger –, die Tiere sind länger artgerecht beschäftigt.	>> Etwas weniger lange Haltbarkeit, da die Körner aufgebrochen sind. >> Manchmal bleiben mehlförmige Reste übrig, die weniger gut gefressen werden. >> Feines Mehl wird nicht so supergern gefressen – dürften Hühner wählen, würden sie ganze Körner oder groben Schrot bevorzugen, weil sie selektieren möchten.
Pellets	>> Die Futtermischung wurde zu uniformen kleinen Walzen gepresst – für die Hühner keinerlei Chance zum Selektieren. >> Alle Tiere bekommen die genau gleichen Nährstoffe. >> Gibt's auch für Zwerghühner in etwas kleineren Pellets.	>> Wird relativ schnell gefressen >> Größerer Wasserbedarf: Die Hühner trinken mehr, um die Pellets zu lösen. >> Der Halter sieht keinen Bezug mehr zu den einzelnen Futterkomponenten.

Alle Darreichungsformen sind in der Hühnerfütterung seit Langem etabliert.
Alles reine Geschmackssache – du kannst bei deiner Wahl nichts falsch machen! ☺

Körner, Mehl oder Pellets? Egal! Hühner gewöhnen sich sowohl ans eine als auch ans andere.

Ich mach das so …

Ich mische losen Grit aus Jurakalk und Muschelschalenschrot ungefähr fifty-fifty. Da diese beiden Calciumlieferanten eine vollkommen andere Struktur haben und sich unterschiedlich schnell im Körper lösen, sollen die Hühner selbst entscheiden, welches sie gerade brauchen. Das steht immer im Stall! Außerdem habe ich einen kleinen Eimer Magensteinchen aus Quarz vorrätig, nur für den Fall, dass ich ein Huhn in Quarantäne setzen muss oder tagelang Schnee liegt. Dann hätten die Hühner neben den Kalksteinchen noch ein weiteres Angebot an Steinchen für die Verdauung. Denn: gute Verdauung – gesundes Huhn! Fest verschlossen und trocken gelagert, hält dieser Eimer schon jahrelang. Wenn ich das Gefühl habe „ich geb' mal was", gebe ich die Magensteinchen mit in den Grit-Muschelschalen-Trog. Hühner haben scharfe Augen, sie suchen sich das raus, was sie benötigen.

Futterkalk enthalten ist, sollte man Legehennen trotzdem noch eine Calciumquelle zur freien Aufnahme anbieten. Und das geht gut in Form von Grit.

Grit, genauer gesagt Kalkgrit, gibt es in Form von zerstoßenem Kalkgestein (zum Beispiel Jurakalk) und in Form von Muschelschalenschrot im Fachhandel.

Gib es ihnen separat vom restlichen Futter, zum Beispiel in einem kleinen Trog. Möglichst weit von der Tränke entfernt, da Grit Wasser zieht.

Jetzt mal konkret

Üblicherweise meint man mit dem Begriff „Grit" Kalkgrit – so, wie ich ihn eben beschrieben haben. Es gibt auch Grit aus anderem Gestein, zum Beispiel Quarz, dieses dient dann nur der Zerkleinerung der Nahrung und nicht der Calciumaufnahme. Da das verwirrend ist, unterscheiden viele Futtermittelhändler zwischen „Kalkgrit" bzw. „Muschelgrit" (mit Kalk) und „Magensteinchen" (ohne Kalk). Ansonsten hilft ein Blick auf die Zusammensetzung: Kalkgestein und Muschelschalen enthalten Calcium, Quarz nicht. Der Handel führt auch Gritmischungen verschiedener Gesteine, lose oder auch zu Blöcken und Picksteinen gepresst.

Magensteinchen sollte man unbedingt zusätzlich anbieten, wenn die Tiere einen sehr kleinen Auslauf haben, bei behördlich angeordneter Stallpflicht, wenn Hühnchen zeitweise in Quarantäne sind oder bei brütenden Hennen. Hühner, die jeden Tag in einen größeren, natürlichen Auslauf können, suchen sich ihre Magensteinchen im Erdboden. Kalkgrit solltest du ihnen aber dennoch anbieten.

2. KOMPONENTE: DAS FRISCHFUTTER

Frischfutter fasst alles zusammen, was kein Hühnerfutter aus dem Sack ist, sondern frisch aus Küche und Garten kommt: vor allem Gemüse und Obst. Geriebene rohe Möhren und gekochte Kartoffeln sind Klassiker und Dauerbrenner der Hühnerfütterung. Und das Schöne: Hühner sind auch mit den Resten zufrieden: Kerngehäuse von Apfel und Birne, Möhrenschalen, Brokkolistrünke, das faserige Kürbis-Innere ... Hinzu kommen Gartenkräuter und Un..., ich meine natürlich Wildkräuter, und als Beimengung in Maßen sogar Reste verarbeiteter Lebensmittel wie Hüttenkäse, Quark, ein paar Nudeln ... Mehr zu dieser Art der Win-Win-Resteverwertung findest du auf → Seite 79 und in der vorderen Umschlagklappe. Als Darreichungsform bieten sich zwei Varianten an:

Im Ganzen und halbiert zum Abpicken ...

- Zum Beispiel halbierte Äpfel, Kürbisse und Zucchini oder ganze Salatköpfe.
- Bei halbierten Kürbissen fressen Hühner gern das faserige Innenleben. Je nach Größe der Hühner(-schnäbel) schaffen sie die Kerne mit aufzupicken. Falls nicht, kannst du die Kerne auch in einem leistungsstarken Multihäcksler zerkleinern.

... oder geschreddert

- Im Multihäcksler zerkleinert, bis alles ungefähr reiskorngroß ist; alternativ mit der Handreibe reiben oder dem Messer klein schneiden.
- Pur verfüttern oder – noch beliebter bei den Hühnern – zu Krümelfutter verarbeiten (→ Seite 74).

Gute Idee

Fairerweise solltest du dafür sorgen, dass Apfel und Co. nicht wegrollen können. Du kannst sie auf Äste pieksen, auf hängende Fruchtspieße stecken oder in Futterbälle geben (beides aus dem Fachhandel) oder einen schweren Stein drauflegen. Schneide die Stücke am besten auch an oder halbiere sie, um den Hühnern einen Angriffspunkt zu bieten.

Hmm ... heute Salatbüfett!

- Auf geschmacklich gute Kombinationen musst du keine Rücksicht nehmen, entscheidend sind Größe & Konsistenz.
- Achte besonders während der Mauser auf nährstoff-, vitamin- und proteinreiche Komponenten (Äpfel, Rote Bete, Möhren, Kräuter, Magerquark, Hüttenkäse, gekochte Eier) und vermeide vergleichsweise nährstoffarme „Magenfüller“ (Zucchini, Salat).
- Die Menge musst du dir ausbaldowern. Das kommt auf die Anzahl der Hühner und ihren individuellen Bedarf an (abhängig von Körpergröße und Nährstoffverbrauch). Für meine 10 Hühner mixe ich meist eine Menge, die einen leeren 1-kg-Joghurteimer halb füllt.
- Frischfutter ist beliebt! Alle Hühner sollen gleichzeitig fressen können: Das Futter in einen langen Trog oder in mehrere im Stall verstreut aufgestellte kleine Tröge oder Schüsseln füllen.
- Füttere nur so viel, wie in etwa 30 Min. aufgefressen wird (im Hochsommer auch schneller – dann lieber mehrere kleine Portionen geben). Liegen gebliebene Reste verderben rasch oder locken Ratten an.

Gute Idee

Wer sich morgens sputen muss, kann das Gemüse bereits am Vorabend schreddern und im Kühlschrank aufbewahren. Aber wenn du die Wahl hast: Frisch zerkleinert ist besser!

Ich mach das so …

Mittlerweile habe ich viel Erfahrung darin abzuschätzen, was die Hühner schaffen, selber abzupicken. Diese Selbst-ist-das Huhn-Methode hat zwei große Vorteile: Arbeitsersparnis für mich, da das Häckseln entfällt, und Spaß für die Hühner. Bis du selbst diese Erfahrungen gesammelt hast, hilft folgende Regel: Wenn du mit dem Fingernagel Stückchen aus Gemüse und Co. gepult bekommst, kannst du es versuchsweise den Hühnern ganz anbieten.

Denk dran: Es heißt Krümelfutter! Nicht Suppe, nicht Brei, nicht Schleim … Krümelfutter!

10–30 %
geschrotetes Hühnerfutter

→ Seite 67

Krümelfutter

Krümelfutter gibt man im Idealfall am Vormittag, spätestens am Nachmittag. Gegen Abend steht die dritte Komponente hoch im Kurs: die Abendkörner.

60–90 % Gemüse & Obst

Mehr Gemüse als Obst verfüttern, je wasserhaltiger, desto geringer der Anteil:

- Möhren
- Kartoffeln und Kartoffelschalen, unbedingt gekocht!
- Blumenkohl
- Brokkoli
- Kopf-, Pflück- & Feldsalat, Rucola
- Stangen- und Knollensellerie
- Rot- & Weißkohl
- Grün- & Palmkohl
- Chinakohl & Asiasalat
- Kürbis
- Zucchini
- Gurken
- Spinat
- Mangold
- Zwiebeln & Knoblauch
- Äpfel
- Birnen
- Himbeeren & Brombeeren
- Johannis-, Heidel- & Erdbeeren
- Bananen
- Kirschen
- Pflaumen & Zwetschgen
- Pfirsiche, Aprikosen & Nektarinen
- Wassermelonen

Tabu

- Avocado ☠
- Zitrusfrüchte
- Rohe Kartoffeln, rohe Kartoffelschalen

Teelöffelweise Pflanzenöle

Ab und zu ein kleiner Schuss (etwa 2–3 x pro Woche 1 TL pro 5 Hühner), lieber eine „einfache“ Sorte wählen, dafür in bester Bio-Qualität:

- Sonnenblumenöl
- Rapsöl
- Leinöl
- Kürbiskernöl
- Kokosöl
- Olivenöl

0–5 % Milchprodukte

Am besten Magerstufe, je flüssiger, desto geringer der Anteil:

- Quark
- Hüttenkäse (Cottage Cheese)
- Joghurt
- Kefir, Butter- & Sauermilch
- Käse

0–5 % Gruß aus der Küche

Möglichst ungewürzt & ungezuckert, gewürzte Speisereste nur in ganz kleinen Anteilen untermischen:

- Eier, roh oder gegart, aber unbedingt „unkenntlich gemacht“! → Seite 78
- Gekochter Reis
- Gekochte Nudeln
- Gekochter Quinoa
- Haferflocken & Porridge
- Walnüsse & Haselnüsse
- Brot & Brötchen, in Wasser eingeweicht und ausgedrückt
- Kuchen, ohne Schokolade und Zuckerguss
- Gegartes Fleisch

0–3 % Kräuter

Küchen- oder Wildkräuter, frisch oder getrocknet:

- Oregano
- Basilikum
- Thymian
- Majoran
- Minze
- Petersilie
- Brennnessel
- Giersch
- Löwenzahn
- Vogelmiere
- Franzosenkraut
- Nachtkerze
- Weißer Gänsefuß
- Gänseblümchen
- Fertige getrocknete Kräutermischungen aus dem Fachhandel, zum Beispiel für die Darmgesundheit, für das Immunsystem oder zur Parasitenabwehr

Tabu

- Stark gewürzte, stark gezuckerte, sehr fettige Essensreste
- Schokolade
- Verdorbenes, Schimmliges

Die genannten Futterbestandteile sind für Hühner allesamt verträglich, aber unterschiedlich gesund. Ein genauerer Blick gefällig? Bitte umblättern.

Nochmal genau hingeschaut

VON SUPERFOOD BIS MAGENFÜLLER

Obst

Wegen des hohen Fruchtzuckergehalts in Maßen füttern. Beeren und Bananen gammeln schnell, nur so viel füttern, wie ratzfatz aufgefressen wird.
Auch wurmstichiges Obst aus dem eigenen Garten kann gefüttert werden. Die Made in Apfel oder Pflaume ist dann die natürliche „Fleischbeilage". Aber kein unreifes, angefaultes oder angegorenes Obst füttern! Und auch nicht in riesigen Mengen das Fallobst bei den Hühnern „entsorgen" – das gibt Durchfall. Lieber in Maßen als ergänzendes Frischfutter.

Brennnesseln

Brennnesseln sind supergesund – aber auch mit Brennhaaren bestückt, wie wir alle wissen. Hühner würden frische, rohe Brennnesseln also nicht anrühren. Ich häcksele frische Blätter mit 1 EL Öl und gebe die Masse ins Krümelfutter. Oft wird empfohlen, die Brennnesseln anwelken zu lassen und dann zu füttern oder ganze Brennnesseltriebe zu bündeln, zu trocknen und den Hühnern im Winter zum Abpicken in den Stall zu hängen. Tja, meine Hühner lassen diese Bündel links liegen – aber probiere es gern einmal aus! Ich bin dazu übergegangen, nur die Blätter zu trocknen und ins Futter zu mischen – und ganz viel frisch (und gehäckselt) zu verfüttern. Sehr gesund sind auch die Samen – diese sollte man unbedingt mit ins Futter geben: frisch oder getrocknet.

… und andere Wildkräuter

Unbedingt nur dort sammeln, wo weder Dünger noch Insektizide oder Pestizide ausgebracht werden. Skeptisch wäre ich an Randstreifen von Äckern. Auch nicht am Straßenrand sammeln – hier sind Autoabgase, Reifenabrieb und Hundepipi ungewollte „Futterzusätze".

Hagebutten

Sie sind sehr gesund und können bei der Frischfutterherstellung komplett mitgeschreddert werden. Noch lieber werden sie gefressen, wenn sie einmal Frost abbekommen haben und dadurch weicher geworden sind. Wer keine Rosen im Garten hat oder das Sammeln zu aufwendig findet, kann getrocknetes Hagebuttenpulver kaufen.

Zwiebeln & Knoblauch

Sie haben seit Generationen ihren Platz in der Hühnerfütterung. Kürzlich wurden jedoch Warnungen laut, dass enthaltene Stoffe die roten Blutkörperchen angreifen können. Ich persönlich habe bei meinen Hühnern keine negativen Auswirkungen festgestellt. Ich verfüttere Zwiebeln und Knoblauch aber auch nicht exzessiv, sondern gebe hin und wieder eine übrig gebliebene halbe Zwiebel im Sinne einer guten Resteverwertung (→ Seite 80) gehackt ins Krümelfutter. Ausnahme: Wenn ich merke, die Hühner beginnen zu schnupfen, vor allem zu Winterbeginn. Dann gibt es auch mal eine ganze gehackte Zwiebel für 10 Hühner – als Immun-Boost. Schließlich gelten Zwiebel & Knoblauch bei allen Vorbehalten auch als Kämpfer gegen Viren und Pilze.

Nudeln, Brot & Kuchen

Früher waren vor allem Nudeln und Brot preiswerte „Magenfüller" für Hühner, darauf ist man heute nicht mehr angewiesen. Alle beide haben auch keinen wirklichen gesundheitlichen Wert, Kuchen schon gar nicht. Also nur in kleinen Mengen im Sinne einer sinnvollen Resteverwertung unter das Futter mischen. Aber eine kleine Scheibe Brot – getrocknet, wieder eingeweicht und gut ausgedrückt – hilft manchmal ungemein, Krümelfutter mit perfekter Konsistenz hinzubekommen. Hinzu kommt, dass Hühner Brot und Kuchen unheimlich gern fressen. Das kann man sich zunutze machen, wenn man flüssige Medikamente verabreichen muss: auf ein Stückchen Brot oder Kuchen geträufelt, wird es ratzfatz im Schlund verschwunden sein. Die Hühner mit diesen „Medizin-Häppchen" aber separat füttern, da sie Brot & Co. so sehr zum Fressen gernhaben, dass die Ranghohen es schneller, als man gucken kann, den Rangniederen abluchsen.
Kuchen generell nur in winzigen Portiönchen geben und nur, wenn keine Schokolade mit im Spiel ist!

Buttermilch, Kefir & Co.

Nicht zum Trinken anbieten, sondern zum Binden von Krümelfutter esslöffelweise zufügen oder zum Einweichen von Brot und Brötchen verwenden.

Fleisch

Hühner sind keine Vegetarier! Ihre natürliche Fleischbeilage holen sie sich in Form von kleinem Getier im Auslauf. Du kannst ihnen aber auch kleine Mengen gegartes Fleisch, möglichst ungewürzt, anbieten. Gerade im Winter, wenn sich Insekten und Co. verkrochen haben, kann das eine schöne Abwechslung sein. Aber wirklich nur in kleinen Mengen.

Eier & Eierschalen

Ob man Hühnern Eierschalen füttern sollte oder nicht, da scheiden sich die Geister. Einerseits sind Eierschalen sehr gute, kostenlose Calciumlieferanten, andererseits besteht das Risiko, dass man Hühner zu Eierfressern erzieht. Eier – sowohl die Schale als auch der Inhalt – schmecken Hühnern nämlich sehr gut. Merken sie, dass das von den Dingern stammt, die sie und ihre Kolleginnen ins Nest legen, lernen sie tatsächlich, die Eier kaputtzumachen und sich selbst zu bedienen. Einmal gelernt, kann man es ihnen auch nicht wieder aberziehen. Und das Schlimme: Die Hühner lernen voneinander. Haben sie aber keine Chance, einen Bezug herzustellen, sind Eier tolle calcium- bzw. proteinreiche, gesunde Nahrungsmittel für Hühner.
Ich mach das so, dass ich die Schalen sehr fein zerkleinere. Wenn man sie im Backofen erhitzt, was man zum Sterilisieren grundsätzlich empfiehlt, lassen sie sich sehr schön zerbröseln und unters Krümelfutter mischen. Das Ei als solches kann roh ins Krümelfutter gemischt werden oder gekocht und gehackt oder als Rührei verfüttert werden. Hier schafft kein Huhn, einen Rückschluss auf das ins Nest gelegte Ei zu ziehen.
Sollte dir das insgesamt unsympathisch sein: Eier zu verfüttern ist kein Muss. Andere Calciumlieferanten sind Magerquark und Muschelkalk. Eiweißlieferanten sind ebenfalls Magerquark und Hüttenkäse, Brennnesselsamen, Hirse und Soldatenfliegenlarven.
Entscheidest du dich dafür, ist wichtig: Nur Eierschalen aus dem eigenen Stall füttern, keine „Fremdschalen", da man mit diesen Fremdkeime und Krankheitserreger in den Stall einbringen könnte.

Zwerg-Barnevelder in einem Traum von Giersch.

Hühner fressen Nudeln sehr gern, sie zählen aber nicht zum gesunden Hühnerfutter. Ein paar Reste hin und wieder aus der Hand angeboten, schaden jedoch nicht und helfen beim Zähmen der Hühner.

RESTE-ESSER … ABER BITTE RICHTIG VERSTEHEN!

Hühner sind Allesfresser, wie man so schön sagt. Das wurde früher (und manchmal leider heute noch) in Richtung „Müllschlucker" missverstanden. Aber es bedeutet einfach, dass Hühner sehr viele Nahrungsmittel pflanzlicher und tierischer Herkunft fressen können.

Ich mag die Begriffe „Resteverwertung" und „Reste-Esser" irgendwie, weil ich sie im Sinne eines sehr vernünftigen Haushaltens im Alltag verstehe. Und ein bisschen spielt für mich auch die Tradition vieler Hühnerhalter-Generationen mit hinein.

Hühner sind gute Resteverwerter, wenn man ihnen hochwertige, ja sogar gesunde Reste aus der Küche zukommen lässt, anstatt sie wegzuwerfen. Und das sind gar nicht mal wenige … Am hochwertigsten sind Schalen, Kerngehäuse und sonstige Putzreste von Gemüse und Obst, die dürfen ruhig großzügig gefüttert werden. Ebenso tragen die zerbröselten Reste ganz unten in der Haferflockentüte, die vom Sonntagsbrötchen abgefallenen Kürbis- und Sonnenblumenkerne, Mohn und die Brötchenkrümel im Brotkorb zur Resteverwertung via Hühnerschnabel bei. Der letzte Kanten Brot, der oft genug in den Müll wandert, kann auf Vorrat getrocknet und immer mal wieder – in Maßen – in Wasser eingeweicht, gut ausgedrückt und verfüttert werden. Auch kleine Fitzelchen Käse und gegartes Fleisch dürfen Hühner fressen.

Wusstest du, dass Hühner deine besten Freunde während der alljährlichen Zucchinischwemme im Garten sind? Zucchini sind zwar nicht sehr nährstoffreich, mit ihrem hohen Wassergehalt aber eine willkommene Abwechslung für die Hühner im heißen Sommer – und eine schöne Beschäftigung. Lege ihnen längs halbierte Exemplare zum Selbstausfressen hin. Auch, wenn man das Ernten verpasst und nun Zucchini-„Keulen" hat – halbieren und die kräftigen Hühnerschnäbel machen lassen.

Wusstest du, dass bei einer Gemüsepfanne, die du für 2 Personen aus 4 Kartoffeln, 2 Möhren, 1 Fenchelknolle, 1 Roten Bete, 1 Zwiebel und 1 Apfel zubereitest, genug Gemüseschalen und -abschnitte für eine Frischfuttermahlzeit für 10 Hühner anfallen?

Gesund und beliebt: Apfelschnitze, Apfelschalen und -kerngehäuse gehen immer!

Ich mach das so …

Ich versuche, Leinöl häufiger in meinen Speiseplan einzubauen, weil es so gesund ist. Leider schmeckt es mir nicht besonders, sodass es – bevor ich Hühner hatte – immer ranzig wurde, bevor ich es aufzubrauchen schaffte. Heute ist das anders! Ich kaufe immer noch die kleinen 250-ml-Fläschchen in Bio-Qualität, nur „teile" ich es mir heute mit den Hühnern. Nichts wird mehr schlecht und die Hühner haben bestes Bio-Öl! Vorzugsweise gebe ich das Öl dann, wenn ich geriebene Möhren füttere (einfach 1 TL untermischen), denn das in Möhren enthaltene Betacarotin ist fettlöslich. Leinöl muss übrigens im Kühlschrank lagern.

Wusstest du, dass du dir mit deinen Hühnern gesunde Sachen teilen kannst? Dazu musst du die Sachen in Lebensmittelqualität kaufen, also Supermarkt statt Futtermittelhandel. Das ist (meist, nicht immer) etwas teurer, aber Win-win, weil die Lebensmittel auf alle Fälle vor dem Erreichen des MHD verbraucht werden – und du am Ende nichts wegwirfst. Im Kasten rechts erläutere ich am Beispiel des Leinöls, was ich meine.

- Superfoods in Pulverform, von denen du deinen Hühnern etwas abgeben kannst: Kurkumapulver, Hagebuttenschalenpulver, Aroniapulver
- Außerdem aus deiner Küche: Speiseöle, Thymian, Majoran, Sonnenblumenkerne, Blaumohn (lose, ganze Samen; kein Mohn-Back), Leinsamen, Popcorn (ja, tatsächlich! aber ohne Salz und Zucker)

Schau mal in die vordere Umschlagklappe des Buches! Da habe ich dir eine hübsche Liste mit hühnertauglichen Resten zum schnellen Nachschlagen zusammengestellt.

3. KOMPONENTE: DIE ABENDKÖRNER

Hühner gehen gern mit gefülltem Kropf schlafen, weshalb du ihnen am Abend ein paar Getreidekörner geben solltest. Die Hühner lernen das Ritual schnell und kommen abends bereitwillig in den Stall.

Gib eine Handvoll ganze Körner in den Trog oder werfe sie in die Einstreu auf den Boden. Früher hat man traditionell Weizenkörner pur gegeben – das kannst du heute auch noch so machen, kannst aber auch eine Körnermischung aus beispielsweise Weizen, Sonnenblumenkernen und Gerste geben, wie gesagt ganze Körner (also kein Mehl, Schrot oder Pellets). Die Hühner scharren und picken nach Herzenslust und schlafen danach selig ein.

Gute Idee

Als Zutat zum Krümelfutter (→ Seite 74) gingen diese „Abendkörner“ auch. Jedoch eignet sich geschrotetes Futter dafür noch besser, weil es die bessere Futterkonsistenz macht und nicht so leicht herausgepickt werden kann. Aber wenn das Geschrotete alle ist oder du das Gefühl hast, dass ganze Körner mal ganz gut in die Mischung passen, nimm sie!
Ganze Weizenkörner eignen sich übrigens auch zur Zubereitung von gesundem Keimfutter – ein Grund, weshalb meine Abendkörner keine Körnermischung, sondern purer Weizen ist: Ich kann ihn vielseitiger verwenden.

Jetzt mal konkret

Wenn du als Grundfutter ein Pellet-Alleinfutter wählst, könntest du zusätzlich einen Sack Körnerfutter kaufen, optimalerweise auch zwei Säcke: einen mit ganzen Körnern (zum Beispiel Weizen pur) für den Abend, einen mit geschroteten Körnern (zum Beispiel eine Körnermischung) für die Krümelfutter-Herstellung. Da es nicht nur 25-kg-Säcke, sondern auch kleine Gebinde gibt, sollte das kein Problem sein.

Hühnerfutter lagern

VOR ALLEM TROCKEN & SICHER

Ohne Feuchtigkeit

» Hühnerfutter, egal ob Körner, Schrot, Mehl oder Pellets, sollte stets gut verschlossen, trocken und kühl lagern. Als Behältnisse haben sich sogenannte Jägerkisten oder andere Kunststoffboxen mit festen Clip-Deckeln bewährt. Manche nutzen auch (saubere) Mülltonnen. Eine Nummer kleiner wären leere Family-Eis-Packungen oder Vorratsdosen.

Ohne Mitesser

» Ratten und Mäuse haben ein feines Näschen für verstreute Körner und nicht gut gesichertes Hühnerfutter. Durch Papiersäcke und Kartons nagen sie sich durch. Am besten zweistufig für Sicherheit sorgen: Das Futter in festen Boxen lagern und bereits den Vorratsraum nagersicher gestalten. Dabei jede kleinste Ritze verschließen. Ratten wird nachgesagt, sich durch ein Loch von der Größe eines 2-Euro-Stücks zwängen zu können, Mäuse können sich noch schmaler machen. Als Richtwert: Löcher und Ritzen größer als 1 cm schließen.

» Bei der Art der Gefäße mitdenken, dass Waschbären – sofern sie hingelangen können – einfache Klappdeckel öffnen können.

Vorportionieren ist sinnvoll

» Gut ist, nicht jeden Tag den großen Sack zu öffnen (und jedes Mal Sauerstoff und Feuchtigkeit an die Körner zu lassen), sondern Wochen-Rationen in kleinere Gefäße umzufüllen und daraus die tägliche Fütterung zu bestreiten.

» Bist du mal abwesend, bietet es sich an, das Futter noch kleiner – pro Mahlzeit – für deine Urlaubsvertretung vorzuportionieren: z. B. in leeren Marmeladen- oder Gurkengläsern. Du kannst sie mit Kreidemarker beschriften, wann was zu füttern ist.

Keimfutter

DARUM SOLLTEST DU AB UND ZU KEIMFUTTER MACHEN ...

- Supergesund: Es enthält mehr Vitamine als ungekeimtes Getreide.
- Superbeliebt: Es ist eine tolle Abwechslung im Speiseplan und bei den Hühnern sehr angesagt.
- Supereinfach: Es ist ganz leicht zu machen.

Ich mach das so ...

Weizenkörner habe ich immer in der Futterküche, da ich Weizen pur als Abendkörner gebe. Da sie sich auch besonders gut & einfach keimen lassen und die Hühner sie gerne fressen, sind sie mein Keim-Getreide Nummer 1. Nach 12 Stunden siehst du schon, wie's losgeht ... Das Keimfutter steht bei mir im Gästebad, wo ich mir mehrmals am Tag die Hände wasche. Immer, wenn ich das Keimfutter sehe, spüle ich kurz durch.

So geht's

- ✓ Getreidekörner, wie Weizen, Hirse, Gerste oder Hafer
- ✓ 1 großes Küchensieb
- ✓ 1 Schüssel

- Etwa 1 EL Körner pro Huhn in ein großes Küchensieb geben und unter fließendem, lauwarmem Wasser kurz durchspülen.
- Körner in die Schüssel geben und mit reichlich lauwarmem Wasser bedecken, über Nacht darin liegen lassen.
- Am nächsten Morgen die Körner durch das Sieb abgießen, üppig unter fließendem Wasser spülen
- Das Sieb auf die Schüssel hängen, damit das Wasser abtropfen kann, die Körner bleiben feucht im Sieb liegen.
- Mindestens 2 x am Tag auf diese Weise durchspülen und wieder im Sieb „parken".
- Das Futter kann gefüttert werden, sobald sich „etwas tut". Das heißt, die Körner brechen auf und minikleine weiße Keime erscheinen. Man kann auch warten, bis die Keime etwa 1 cm lang sind.

» Ich würde das Futter spätestens am 3. Tag nach dem Ansetzen füttern. Wer länger wartet, läuft Gefahr, dass es schimmelt oder sich Keime im feuchtwarmen Klima ansiedeln.
» Das Futter ist gut, wenn es angenehm riecht, irgendwie nach Mehl und Stärke (keinesfalls sauer) und kein Schimmel zu sehen ist.

Gute Idee

→ Nimm keine Körnermischung zum Keimen, sondern immer nur eine Sorte, da die Keimdauer der verschiedenen Getreide unterschiedlich ist.
→ Verfüttere nur kleine Mengen, da Keimfutter schnell verdirbt. 1 EL pro Tier und Mahlzeit haben sich bei mir als guten Mittelwert herausgestellt.
→ Du kannst auch die doppelte Menge ansetzen. Füttere eine Hälfte nach 24 Std. Keimdauer, die andere Hälfte weitere 24 Std. keimen lassen und dann verfüttern.

(Keine) Gute Idee

Die im Handel erhältlichen Keimgläser eignen sich meiner Erfahrung nach nicht gut. Die Menge an Körnern haben darin nicht ausreichend Platz. Die Körner „verklumpen" und werden nicht gut durchspült, es zirkuliert zu wenig Luft. Das hat zur Folge, dass sie eher stocken und schimmeln. Die Sieb-Methode ist einfacher und funktioniert prima.

Wasser

JEDEN TAG FRISCH, BITTE!

Hühnertränken aus dem Fachhandel eignen sich aus hygienischen Gründen viel besser als einfache Tröge oder Schüsseln! Du gießt das Wasser in ein Reservoir und es fließt automatisch in eine Rinne, aus der es die Hühner trinken. Am gebräuchlichsten sind drei ähnliche Varianten:

Ich mach das so ...

Ich habe Stülptränken. Das Umstülpen stellt man sich schwieriger vor, als es ist. In Wirklichkeit ist das Wasser so träge, dass nichts spritzt. Bei der Eimertränke hatte ich häufiger die Schwierigkeit, dass der Auslass so eingestellt war, dass das Wasser bis an die Oberkante der Rinne floss und ich mir beim Transportieren regelmäßig nasse Füße geholt habe. Unter meiner Stülptränke stehen: eine Lage Mauersteine, darauf eine Gehwegplatte (ein wunderbar gerader Untergrund!), darauf ein größerer Kunststoff-Blumenuntersetzer. Das ist genau die richtige Höhe für meine großen Hühner. Der Untersetzer fängt das Wasser auf, dass die Hühner beim Rumschnäbeln verlieren, und kann regelmäßig gereinigt werden. Die Einstreu ringsum bleibt trocken.

» **Stülptränke:** Sie wird oft einfach als Tränke mit Bajonettverschluss bezeichnet. Man hält sie zum Befüllen verkehrt herum. Deckel abschrauben, Wasser einfüllen, den Deckel (der gleichzeitig die Rinne zum Trinken beherbergt) per Bajonettverschluss aufschrauben. Tränke umdrehen – der Deckel bildet nun die Standfläche.

» **Tränkeeimer oder Eimertränke:** Sie sieht aus wie ein Eimer mit Deckel. Die Befüllung erfolgt einfach von oben: Deckel auf, Wasser rein, Deckel zu – ohne Umdrehen der Tränke.

» **Doppelmantel- oder Doppelzylindertränke:** Das zylinderförmige Wasserreservoir wird mit einem zweiten zylinderförmigen Deckel verschlossen. Die Befüllung erfolgt von oben, ohne Umdrehen der Tränke.

» Für alle drei Varianten gilt: Am besten erhöht aufstellen! Alle Tränkenvarianten sind auch mit Füßen erhältlich, man kann sie aber auch auf Steine oder Ähnliches stellen. Vorteile: Die Wasserrinne kann von den Hühnern nicht so leicht mit Einstreu „zugeschüttet“ werden. Und das Trinken ist komfortabler, denn Hühner müssen zum Trinken den Kopf heben, je kürzer der Weg zwischen Wasseraufnahme und Kopfheben, desto weniger Wasser kann in die Einstreu verplempert werden.

Eine Stülptränke, mithilfe einer Steinplatte erhöht aufgestellt

- Dafür sorgen, dass Wasser immer in der Tränke ist, aber möglichst niemals in der Einstreu!
- Kaufe am besten 2 Tränken, die du im täglichen Wechsel benutzt. Die gerade nicht genutzte Tränke gut reinigen und vollständig trocknen lassen. Trockenheit, im Idealfall noch plus Sonneneinstrahlung, machen Bakterien und Keimen den Garaus.

Gute Idee

In Zeiten, in denen den Hühnern viel abverlangt wird (Mauser, Wintereinbruch ...), kannst du ihnen gesundheitsförderliche Zusätze ins Trinkwasser geben:

- **Vitaminpräparate aus dem Fachhandel, Dosierung nach Herstellerangaben**
- **Oreganotee (1–2 TL getrockneten Oregano mit 1 Tasse kochendem Wasser übergießen, 10 Min. bedeckt ziehen lassen, abseihen, abkühlen lassen) stärkt das Immunsystem.**
- **1 EL Bio-Apfelessig pro Liter Trinkwasser stärkt die Darmgesundheit.**

Die tägliche Stall-Routine

WELCHER TYP BIST DU?

Eilig am Morgen, Muße nach Feierabend

morgens:

- Grundfutter kontrollieren, bei Bedarf nachfüllen – 1 Min.
- Tränke kontrollieren, bei Bedarf Wasser nachfüllen – 2 Min.
- Am Vorabend vorbereitetes Frischfutter mit Schrotfutter vermengen & füttern – 5 Min.
- Ausschlupf öffnen – 30 Sek. (bei automatischem Türöffner – 0 Sek.)

nachmittags:

- Kotbrett abkratzen & dünn einstreuen, große Kothaufen aus der Bodeneinstreu heben – 5 Min.
- Tränke reinigen & wechseln, frisches Wasser einfüllen – 5 Min.
- Snacks geben, z. B. Kürbishälfte, halbierte Äpfel, ausgestochene Rasensode, ein paar Mehlwürmer aus der Hand ... – beliebig ausgiebig
- Eier einsammeln – 1 Min.

abends:

- Tröge reinigen – 5 Min.
- Abendkörner geben – 1 Min.
- Kurzer Gesundheitsscheck „Sind alle munter?“ – 5 Min.
- Ausschlupf verschließen – 30 Sek. (bei automatischem Türöffner – 0 Sek.)
- Frischfutter für den nächsten Tag vorbereiten: z. B. Gemüse schreddern & über Nacht kühlen – 5–15 Min.

Der frühe Vogel

morgens:

- Frischfutter vorbereiten: z. B. Gemüse schreddern, mit Schrotfutter vermengen – 5–15 Min.
- Grundfutter kontrollieren, bei Bedarf nachfüllen – 1 Min.
- Füttern, währenddessen kurzer Gesundheitscheck „Sind alle munter?“ – 5 Min.
- Tränke reinigen & wechseln, frisches Wasser einfüllen – 5 Min.
- Kotbrett abkratzen & dünn einstreuen, große Kothaufen aus der Bodeneinstreu heben – 5 Min.
- Ausschlupf öffnen – 30 Sek. (bei automatischem Türöffner – 0 Sek.)
- Je nach Uhrzeit erste Eier einsammeln – 1 Min.

nachmittags:

- Snacks geben, z. B. Kürbishälfte, halbierte Äpfel, ausgestochene Rasensode, ein paar Mehlwürmer aus der Hand ... – beliebig ausgiebig
- Eier einsammeln – 1 Min.

abends:

- Tröge reinigen – 5 Min.
- Abendkörner geben – 1 Min.
- Ausschlupf verschließen – 30 Sek. (bei automatischem Türöffner – 0 Sek.)

Wöchentliche & monatliche Routinen

DAS KOMMT NOCH HINZU

- Wöchentlich: Parasitenkontrolle
- Ein- bis mehrmals wöchentlich, falls du deine Hühner nicht auf Tiefstreu hältst: Stall ausmisten → Seite 52
- Alle paar Wochen: Fensterscheiben putzen, damit möglichst viel Licht in den Stall gelangt
- Alle paar Wochen: Kontrolle des Stalls auf „Einbruchsspuren" von Ratten, Waschbären & Co. → Seite 48
- Alle 6 Wochen: Impfung gegen Newcastle Disease → Seite 22

Gute Idee

Zum Säubern gehört immer auch das Trocknen! Trockenheit und vor allem die liebe Sonne sind deine Komplizen in Sachen Hygiene.

Was ist wann zu tun? Ich habe dir in der hinteren Umschlagklappe einen Plan für deine Urlaubsvertretung vorbereitet.

Ei, Ei, Ei ...

EIER-LOSE ZEITEN SIND NORMAL!

Während des Brütens im Frühling & Frühsommer

Hat sich eine Henne zum Brüten „entschieden", legt sie keine Eier mehr, sondern konzentriert ihre Energie aufs Ausbrüten – ein genetisch fest verankertes Programm, das notfalls auch durchgezogen wird, wenn keine Eier zum Ausbrüten da sind (etwa, weil der Hühnerhalter sie eingesammelt hat). Da es zu früheren Selbstversorger-Zeiten ein Problem war, wenn sämtliche Hennen brüteten, aber niemand Eier legte, erzüchtete man Rassen, die kaum bis gar keinen Bruttrieb mehr haben, wie Amrocks, Hamburger, Italiener, Leghorn oder Spanier.

Übrigens: Was man tun kann, wenn eine Henne brüten will → Seite 92.

Im Sommer

Während im Frühling die Eierproduktion auf Hochtouren läuft, erfährt die Leistungskurve zum Sommer hin oft eine Delle. Hühner sind auch nur Menschen und an heißen Sommertagen körperlich beansprucht. Viele Hühnerhalter bemerken dann eine Abnahme der Legeleistung.

Während der Mauser im Herbst

Bei der Mauser stößt der Körper die alten, abgenutzten Federn ab und bildet neue. Sinnvollerweise passiert das im Herbst, gesteuert über Hormone, abhängig von Tageslichtlänge und Temperatur. Am Ende besitzt das Huhn ein neues, intaktes Gefieder und ist optimal auf die kalte Jahreszeit vorbereitet. Eine kräftezehrende Prozedur: Parallel zu den vielen neuen Federn auch noch Eier zu produzieren, ist körperlich schlicht nicht zu bewerkstelligen, daher setzen Hühner während der Mauser mit dem Legen aus. Die Mauser kann kurz und heftig sein oder über mehrere Wochen dauern. Unterstütze deine Tiere während der Mauser mit besonders nährstoff-, vitamin- und proteinreichem Futter.